四川大学建筑学专业毕业设计优秀作品集

Outstanding Architectural Design Collections by Seniors, Sichuan University

陈 岚 曾艺君 主编

中国建筑工业出版社

　　四川大学秉承"以人为本，崇尚学术，追求卓越"的办学理念，建筑学专业在"具有深厚人文底蕴、扎实专业知识、强烈创新意识、宽广国际视野"的人才培养目标下，形成了培养"兼备人文艺术修养和专业工程知识，设计创新和理论研究并进，立足西南兼具国际化视野"的建筑学专业人才的专业定位。

　　毕业设计是建筑学专业人才培养的重要环节，它是检验学生的创新实践能力、知识的综合运用能力、设计构思和深化能力的重要参考。针对毕业设计教学，四川大学建筑学专业近年来在选题方面实行学生与教师双向互选，与教师的科研项目结合，充分发挥学生的自主学习及兴趣需求。题目设置充分体现了面向社会热点问题的研究式过程控制，如"老年人活动及疗养复合设施设计""旧城更新""历史文化地区的保护与发展"等题目都反映了建筑设计的地域性和人文关怀。毕业设计题目由教研室全体教师参与审核，对设计规模、设计要求和设计流程进行控制，确保毕业设计能按照学校及规范要求顺利完成。

　　同时，结合四川大学"323+X"创新人才培养体系，引入校外专家参与、指导与检查毕业设计的各个设计过程，加强学生在毕业设计中的工程素质训练。毕业设计多样化教学的效果良好，对完善人才培养模式、提高人才培养质量，尤其是大学生的科研实践与创新能力等综合素质的提升有积极作用。

　　近年来毕业设计在学科交叉和联合设计方面成果颇丰。由建筑学专业牵头，联合学院内城乡规划、土木、环境技术等专业共同参与同一课题的毕业设计，使不同背景的学生发挥各自学科的优势，综合运用多样化的专业技能和前沿技术，应用于城市文化、建筑空间、环境格局、生态技术等方面的设计环节，从而获得整体最优化的设计方案。以此加强学生对多学科团队合作及工程实践的认识，并通过多学科与建筑设计知识点的相互渗透，在毕业设计的设计深度与技术层面获得宝贵的经验。

　　建筑学专业还参加了西部九校和西部四校联合毕业设计，通过高校间的专业交流，建立学生多元文化的意识并提高团队合作能力。联合毕业设计多维度扩展学生的知识结构，巩固跨专业知识，结合不同专业的知识和方法，从政治经济政策、城市风貌与结构、历史文化、生态环境等多角度思考和分析，从而提高学生发现问题、分析问题、解决问题的综合能力；通过联合毕业设计，发挥"学校—政府及规划部门"合作优势，强调前瞻性、综合性及实践性，真题真做，要求学生设身处地感知设计场地的真实现状，并且亲身参与调研、认知、分析、评价、决策、设计等各个环节，保证了参与流程的完整性和整体性。通过让学生参与整个设计过程，获得全过程、多层次的实践训练，从而使学生更好地适应企业的工作模式。

　　本书汇集了四川大学建筑学专业近年来的毕业设计成果，较为全面地反映了建筑学专业培养人才的特色。

　　以下同学参与了本书的资料编辑工作：吴直鹏、张成、张凡琛、雷悦等。

　　另外在本书编辑过程中得到四川大学建筑与环境学院熊峰院长、蒋文涛书记、兰中仁副院长、李沄璋副院长等学院领导的指导，以及各位毕业设计指导老师的大力支持，特此致谢！

目录

2010 级

2011 级

高层建筑交往空间的塑造
——成都市科园南路综合楼方案设计

姓　　名：牟洋
指导老师：张鸣

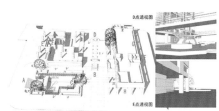

交往空间分析图

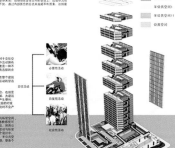

D点透视图

A点透视图

B点透视图

C点透视图

H点透视图

G点透视图

F点透视图

私密空间
半私密空间
半公共空间（II）
公共空间

空间穿插　　空间连接　　空间分离　　空间整体

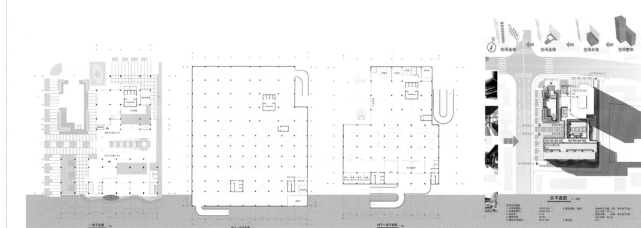

一层平面图　　地下一层平面图　　总平面图

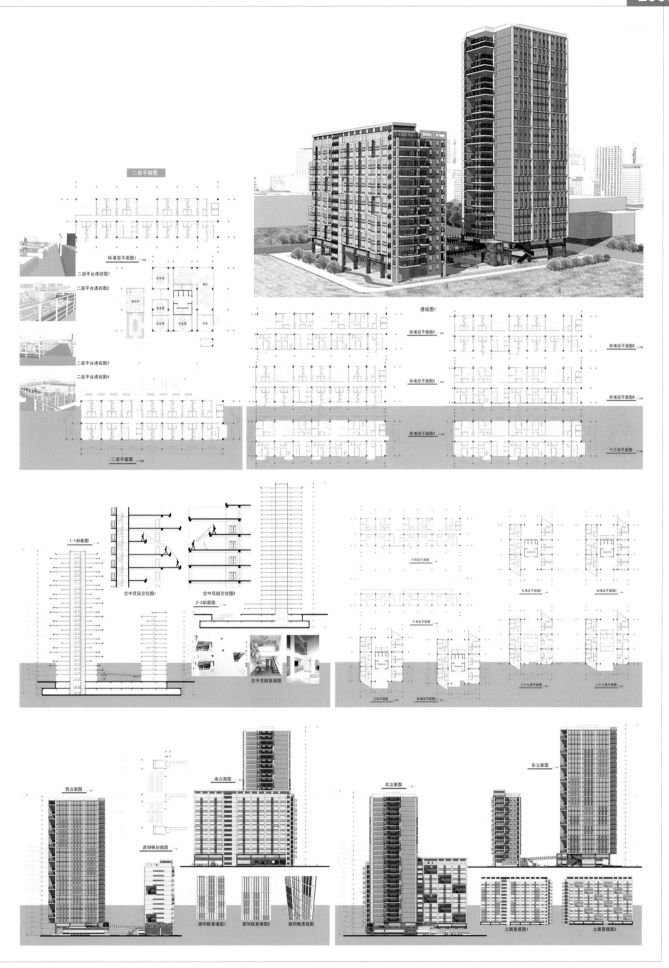

特种轻型结构探索
——上海世博会中国馆设计

姓　名：周翎
指导老师：金东坡

飘逸
落落欲往
矯矯不群
鰷山之鶴
華頂之雲
高人畫中
令色氛氳
汎彼風蓮葉
御彼無垠
如將有聞
如不可執
識者期之
欲得愈分

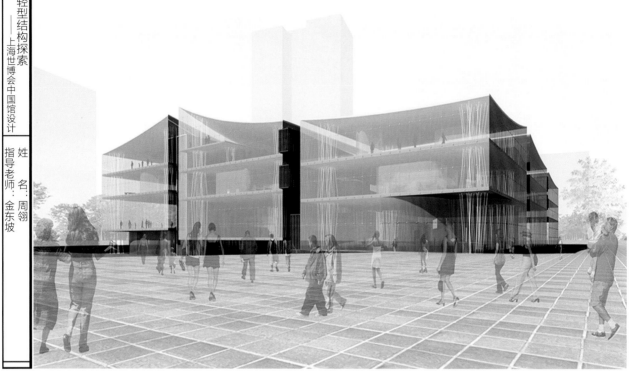

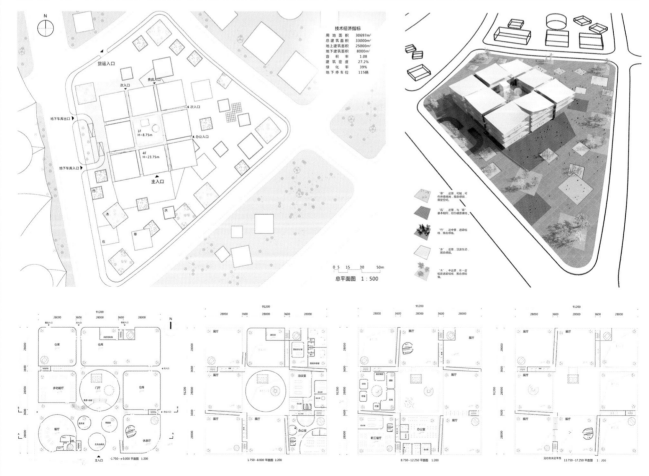

技术经济指标

用地面积 30697m²
总建筑面积 33000m²
地上建筑面积 25000m²
地下建筑面积 8000m²
容积率 1.08
建筑密度 27.2%
绿化率 39%
地下停车位 115辆

总平面图 1：500

A 展厅夹层

B 展厅坡道

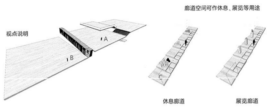

视点说明

廊道空间可作休息、展览等用途

休息廊道   展览廊道

建筑内部的交通组织较特殊复杂，但各流线分开，互不交叉。本设计借鉴赖特古根海姆博物馆思路，希望创造漫游、连续的参观体验。但大型场馆，参观过程中游客需要适当休息和空间变换来缓解疲劳，另一方面，为了与竹林漫游的意象呼应，故将展馆空间分散后，布置为螺旋上升的形式。乘坐电梯到达顶层后盘旋而下。以坡道联系化解高差的处理避免了如古根海姆全坡道带来的不便，空间高度的差异在局部将出现夹层。

服务空间

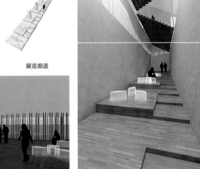

C 休息廊道

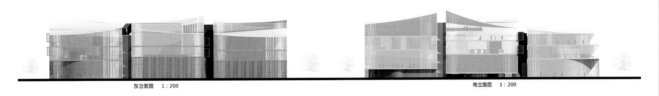

东立面图   1：200   南立面图   1：200

西立面图   1：200   北立面图   1：200

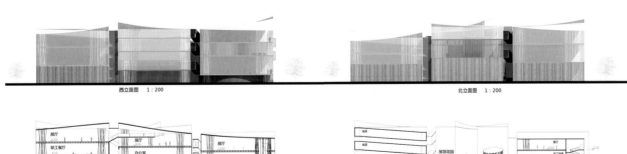

A-A 剖面   1：200   B-B 剖面   1：200

风·自然光对高层建筑节能设计的影响
——葛洲坝商务大厦方案设计

姓　　名：张建波
指导老师：张鲲

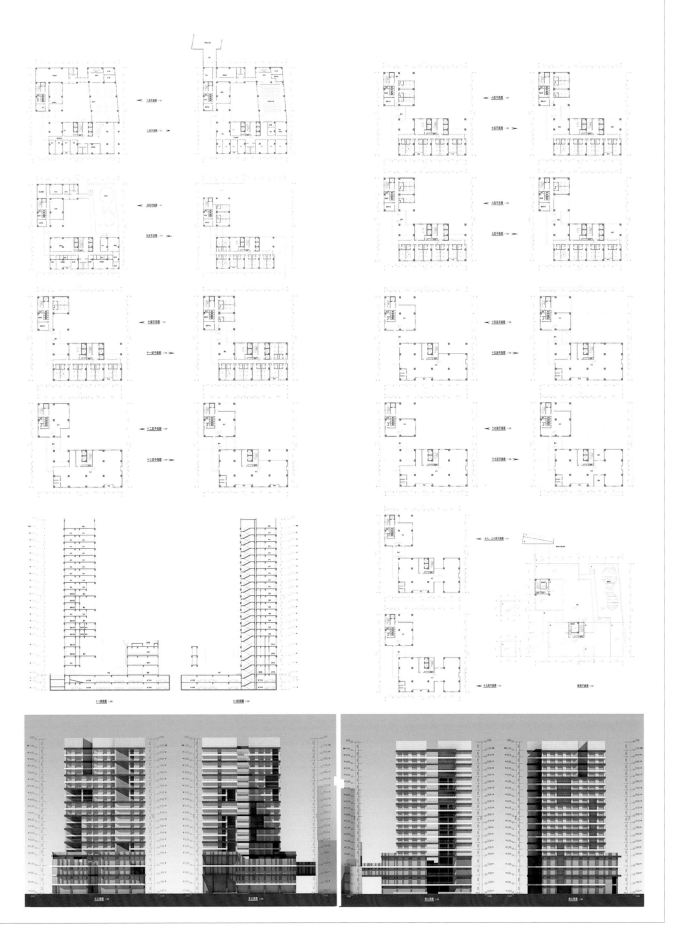

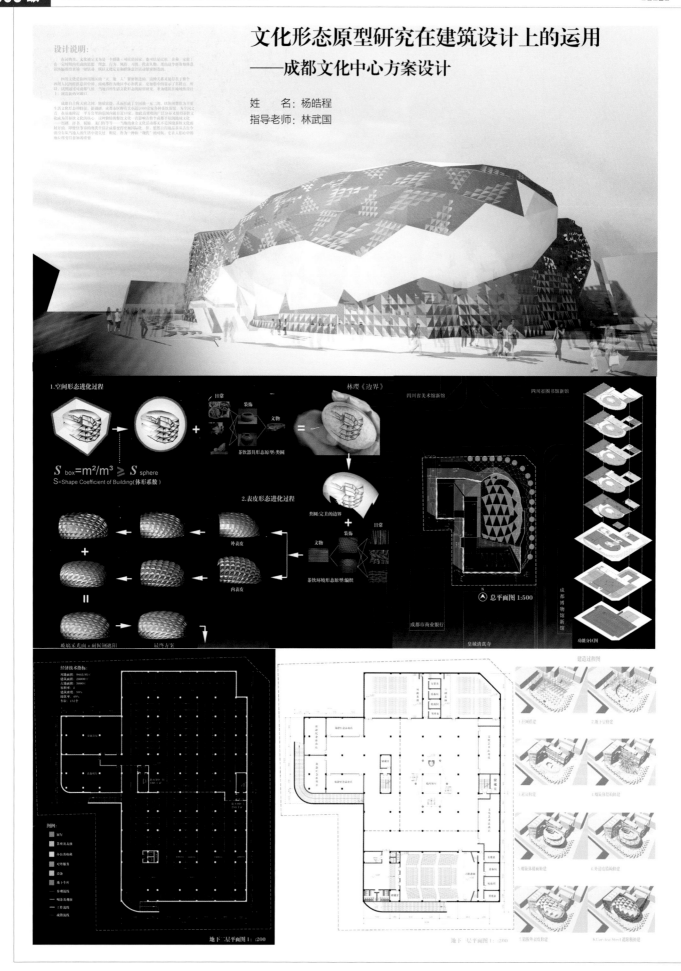

文化形态原型研究在建筑设计上的运用
——成都文化中心方案设计

姓　　名：杨皓程
指导老师：林武国

$S_{box}=m^2/m^3 \geq S_{sphere}$
S=Shape Coefficient of Building（体形系数）

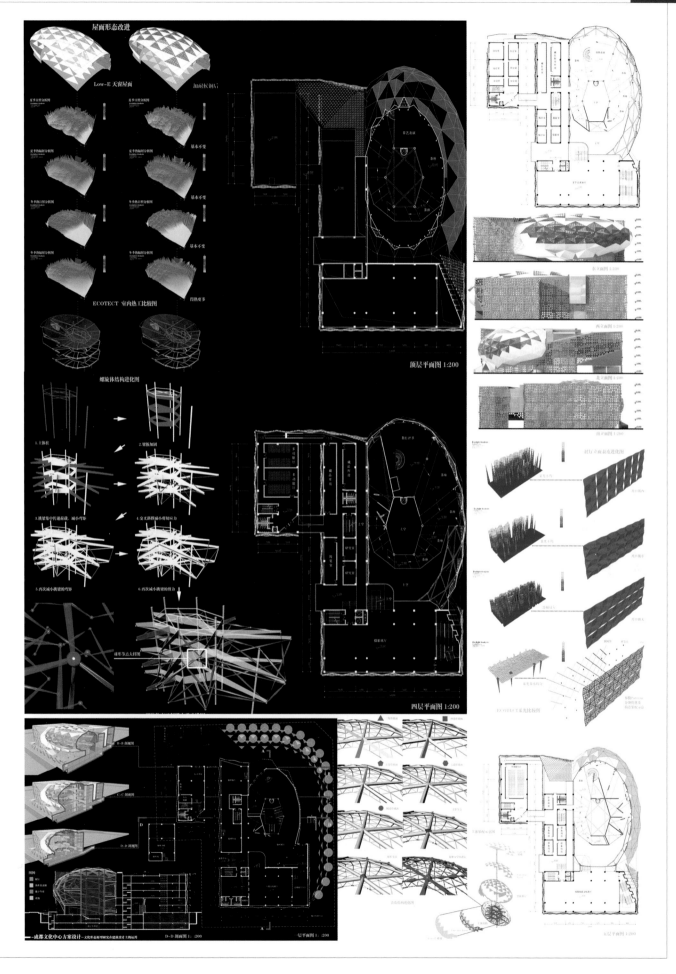

折叠的赋格
——成都西三环金沙片区某高层综合楼设计

姓　　名：谭凌飞

指导老师：陈岚

区位：金沙片区位于成都市西部，以著名的金沙遗址为文化地标，是通往温江、都江堰－青城山、川西高原的重要门户。现在这里是成都市新兴的商业区和环境优雅的居住区。

基地：木项目基地位于成都市西三环金沙片区，北邻规划中的黄苑路，西邻三环路带状绿地，东面和南面是规划中的市政公园。现在基地附近实际上是城中村，正待拆建，该项目也是待建项目之一。城中村内居住着农民、商贩、务工人员、流浪乞讨人员，俨然繁华都市下的另一个国度。在这里能感觉到一种紧张的气氛。这种气氛一方面来自生机勃勃的建设热潮，另一方面又来自快速城市化的浮躁。城中村似乎就是即将消逝的田园生活的伤疤。

文脉：金沙遗址有着厚重的历史沉淀，而川西坝子的农村有着独特的自然人文景象。现在遗址已经被华丽的博物馆包裹，藏匿在城市中，而川西坝子也在被城市慢慢侵蚀。基地西边的油菜花田、林盘农舍即将成为历史。

记忆：一座建筑当然改变不了城市化的事实，况且城市化也是人口增加的必然。现在建筑的每一次设计都预示着一部分自然即将被占有。那么，高层建筑作为城市化的重要元素，是应该嗤之以鼻，还是应该在其中寻找其承载的集体记忆？

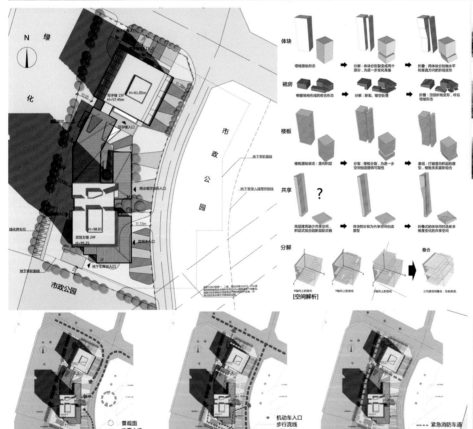

[场地分析]　　[交通分析]　　[消防分析]

该高层综合楼位于成都市西三环金沙片区，北邻黄苑路，西邻三环路。项目集宾馆住宿、办公、商业、娱乐为一体，由两栋塔楼构成，南面塔楼为宾馆，北面塔楼为写字楼。塔楼由裙房组织在一起，并且形成尺度适宜的底部空间。建筑的立面肌理构图来自于川西坝子的油菜花田的意向，形成对地域文化的记忆。两塔楼均为框架核心筒结构，外立面材料为浅灰色铝塑板。

设计力求创造高层建筑丰富的空间，打破传统高层建筑竖向积层式的空间组织模式。因此设计以"折"为主题，造就建筑多变的形态，同时因为折的动作，也产生了楼板的错动、核的分离、多维度的空间变异，再将这些空间进行重组和叠合，产生高层建筑中互相渗透的空间构成。

这种创造方式类似于巴洛克音乐中的赋格，以某一简单主题作为材料，经过一定变异产生主题变形，各声部由主题及其变种叠加而成而组成时间轴上叠加的多条旋律线，共同合成乐曲进行的流线。因此把该设计比喻为"折叠的赋格"。

[设计说明]

在建筑覆盖率较高的情况下,为了创造宜人的场地环境,底部空间由咬合状的体块构成,同时塑造了架空空间。半围合的庭院空间(室外就餐部分),最大限度地解放了地面,既丰富了视觉感受,又创造了多变空间。建筑形态依然是以折线为主题,形成三维咬合的状态,与人流交织,建筑氛围十分活泼。

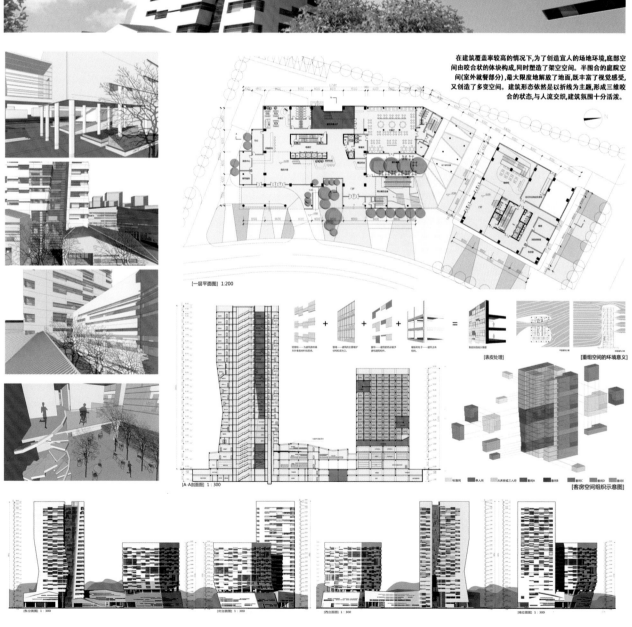

[功能分布图]   [流线分析]

■ 旅馆客房 ■ 办公 ■ 车库及附属 □ 大堂相关 □ 餐饮 ■ 康乐 ■ 地下商业 □ 共享空间/花园 ■ 服务核 ■ 核心筒

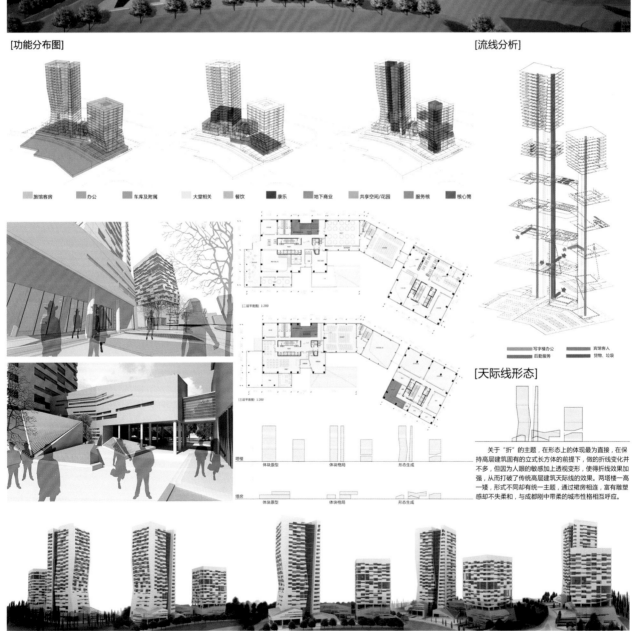

■ 写字楼办公   ■ 宾馆客人
■ 后勤服务   ■ 货物、垃圾

[天际线形态]

　　关于"折"的主题，在形态上的体现最为直接，在保持高层建筑固有的立式长方体的前提下，做的折线变化并不多，但因为人眼的敏感加上透视变形，使得折线效果加强，从而打破了传统高层建筑天际线的效果。两塔楼一高一矮，形式不同却有统一主题，通过裙房相连，富有雕塑感却不失柔和，与成都刚中带柔的城市性格相互呼应。

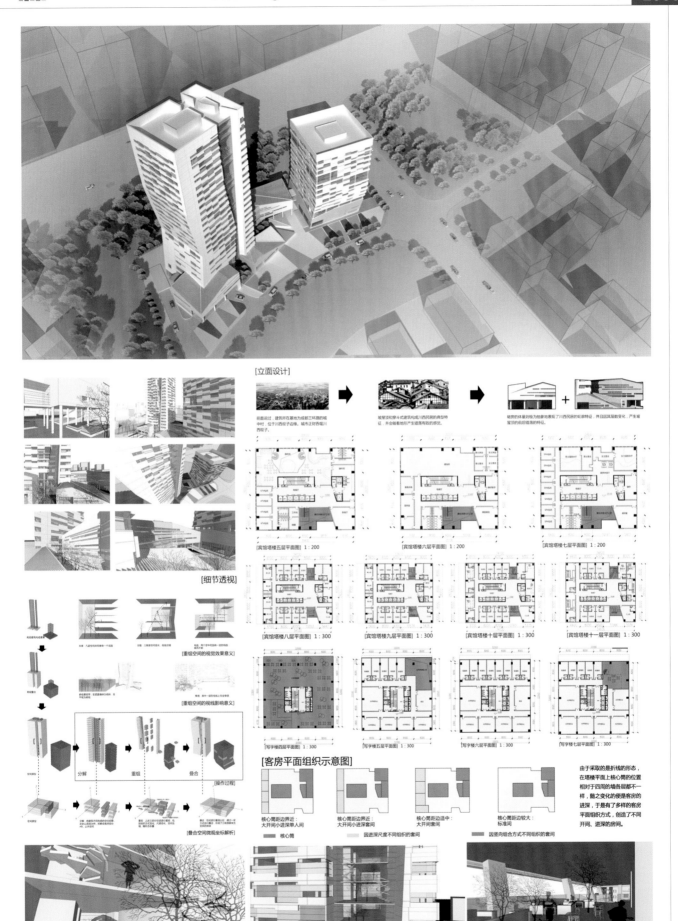

涌现

"城市双塔"

——成都某高层综合楼设计

姓　名：罗敏杰

指导老师：陈岚

设计说明：

当一颗种子种到地里，一株稚嫩的幼苗破土而出，最后长成了参天大树；当一个原子被一个中子碰撞，无数的原子按照新的规则裂变开来；当一个基因在生命体里表现，有机体的生化作用按照某种规则慢慢展开；在生活的每一个地方，我们都能看到涌现的现象：事物由小生大，由简而繁。本设计从过程入手，重视生成的概念，将非线性的思想运用到建筑形态设计的过程中，企图通过参数化的手段，初步探讨数字算法在优化建筑形式中的潜力。

1 在裙房建筑形态处理上，通过对基地周围人流、车流的有细分析，提取流线曲线，成为建筑裙房形态纹样的基本曲线，再通过计算机模拟得出优化结果

2 在高层建筑形态处理上，通过对"呼啦圈"扭动行为的研究，建立一种生成逻辑关系，再通过算法实现表皮的可控制和优化遮阳系统

主要经济技术指标：

总用地面积：9428.93m²
总建筑面积：41896.2m²
　　其中：
　　　地上部分36772.8m²
　　　地下部分5125.2m²
容积率：3.9
建筑占地面积：3733.8m²
建筑覆盖率：39.6%
绿化率：41.6%
建筑层数及高度：
　酒店：25层，地下2层
　　　　99.9m
　办公：19层，地下2层
　　　　77.9m
机动车车位：231个
　　其中：地下一层42个
　　　　　地下二层199个
非机动车车位：200m²

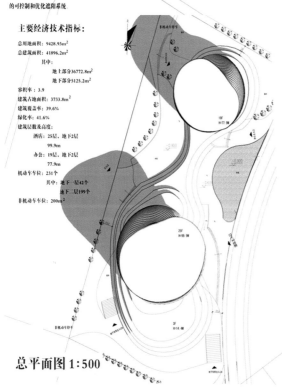

总平面图 1:500

形体生成过程：

Rotate:每层相对上一层旋转角度 Layer:层数 Height:层高

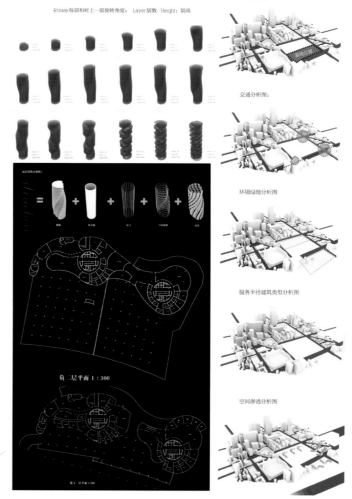

负一层平面 1:300

区位分析图：

交通分析图：

环境绿地分析图

服务半径建筑类型分析图

空间渗透分析图

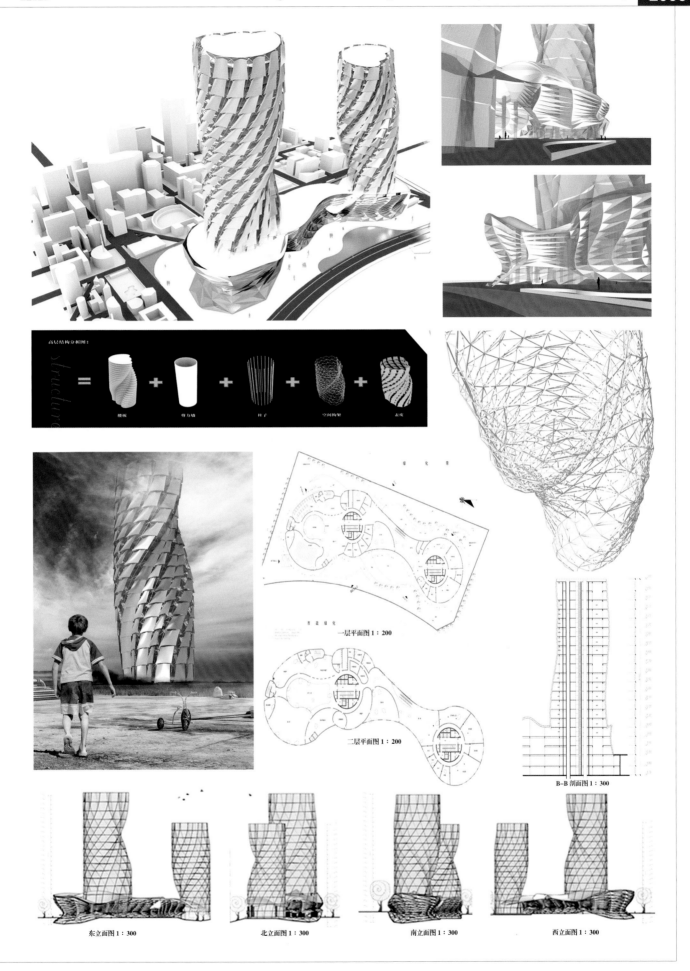

高层结构分析图：

structure =   楼板   +   剪力墙   +   柱子   +   空间构架   +   表皮

一层平面图 1：200

二层平面图 1：200

B—B 剖面图 1：300

东立面图 1：300   北立面图 1：300   南立面图 1：300   西立面图 1：300

以门为题的建筑实践

——大邑花水湾温泉度假酒店及会所建筑设计

姓　　名：蔡琳玲　指导老师：余斡寒

设计构思·阙的启发

道路入口较周围场地下陷三四米，两侧场地有如小山丘。　建筑需要在此有着门户形象，联想到中国古已有之的："阙"。　由联想最初衍生出两个竖向的形体，平面上看去又有如两点。　两点形体顺应道路动线和地形等高线延绅，呼应场地，建筑体量初具雏形。　结合实际要求，在一旁加入了第三个形体，与其呈一定夹角，意将环境引入建筑内部，由此而形成了一道景观大门。

设计说明：

本案设计基地位于大邑花水湾杨家山温泉别墅区的入口处，距离西岭雪山风景区和成温邛高速公路35km，地势呈现西高东低、北高南低的特点。其所在的花水湾是一处已有12年历史的温泉基地，周边自然风景优美。

设计中建筑在形体上考虑了与周边环境的融合，以及与基地的处理关系，同时由于基地位于别墅区入口处，故设计中充分考虑了其作为门户的形象处理。功能设计上根据要求包括温泉度假酒店及会所这两大功能主题，结合形体和基地条件考虑，划分清楚，但彼此之间又密切联系。流线组织中充分考虑基地中穿过的道路关系，设计了清晰顺畅的车行流线。建筑空间结构上对游客流线和后勤流线也作了清楚、有序的处理。建筑结构上主要采用了框架结构，而在细部设计中采用了阳台绿栏、竹栏栅格。

设计意在凸显建筑的门户形象，创造出多层次的空间结构，令使用者感到愉悦和舒适。

总体鸟瞰

上山道路入口透视

空间结构示意

草模型推敲

主要技术经济指标：

用地面积：12300㎡
建筑总面积：20920㎡
地下车库面积：3120㎡
建筑基底面积：5430㎡

容积率：1.7
绿化率：43%
客房数：174间
地下停车位：81辆
建筑密度：44%

总平面图 1:500

入口层平面图 1:300

一层平面图 1:300

二层平面图 1:300

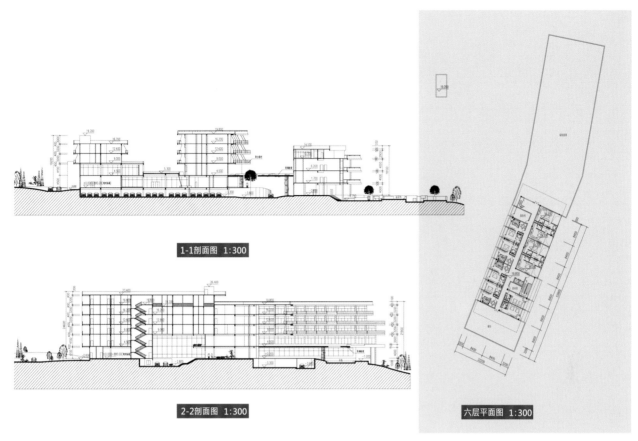

1-1剖面图 1:300

2-2剖面图 1:300

六层平面图 1:300

北立面图 1:300

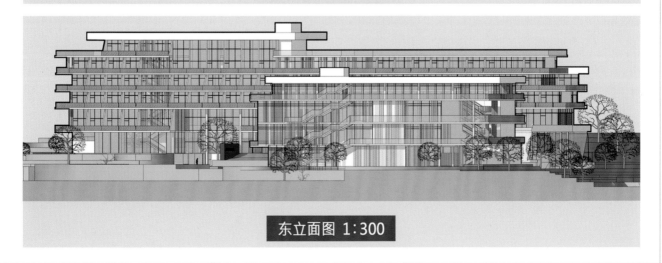

东立面图 1:300

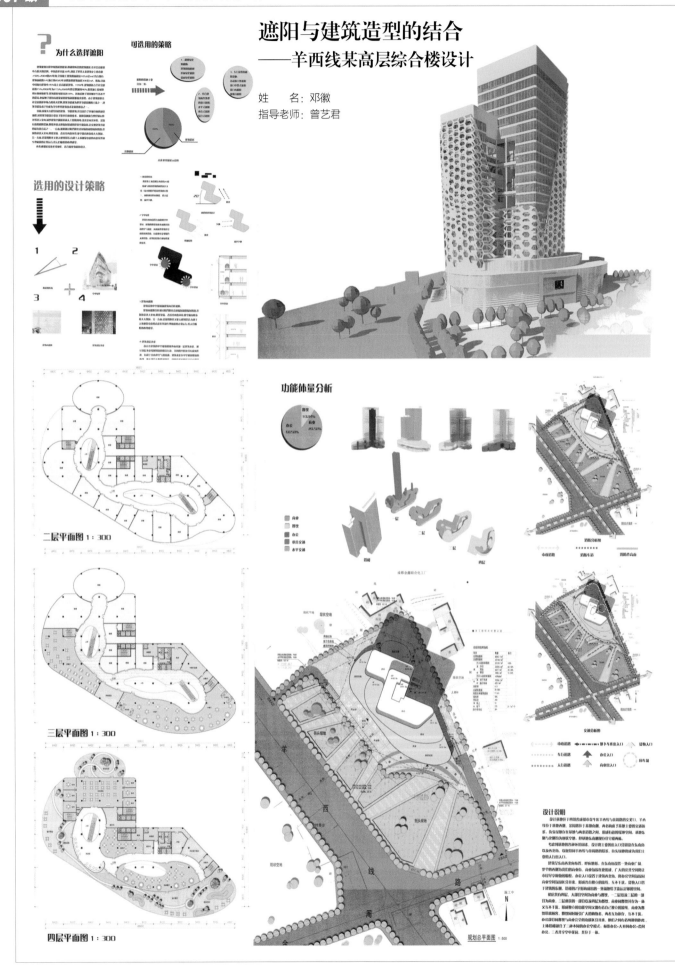

遮阳与建筑造型的结合
——羊西线某高层综合楼设计

姓　　名：邓徽
指导老师：曾艺君

为什么选择遮阳

可选用的策略

选用的设计策略

1　2　3　4

功能体量分析

二层平面图 1:300

三层平面图 1:300

四层平面图 1:300

规划总平面图 1:500

设计说明

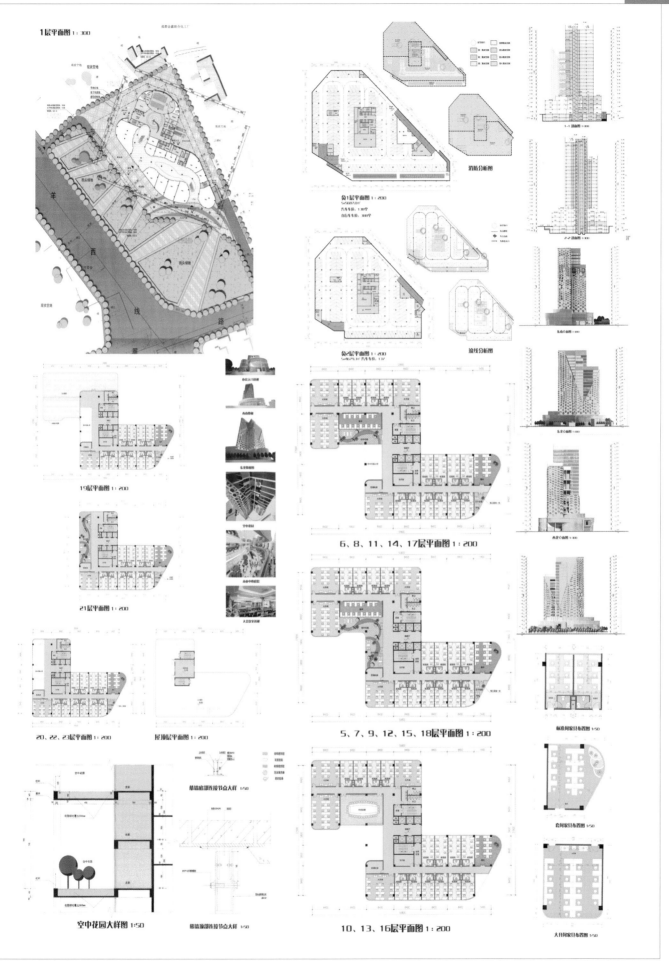

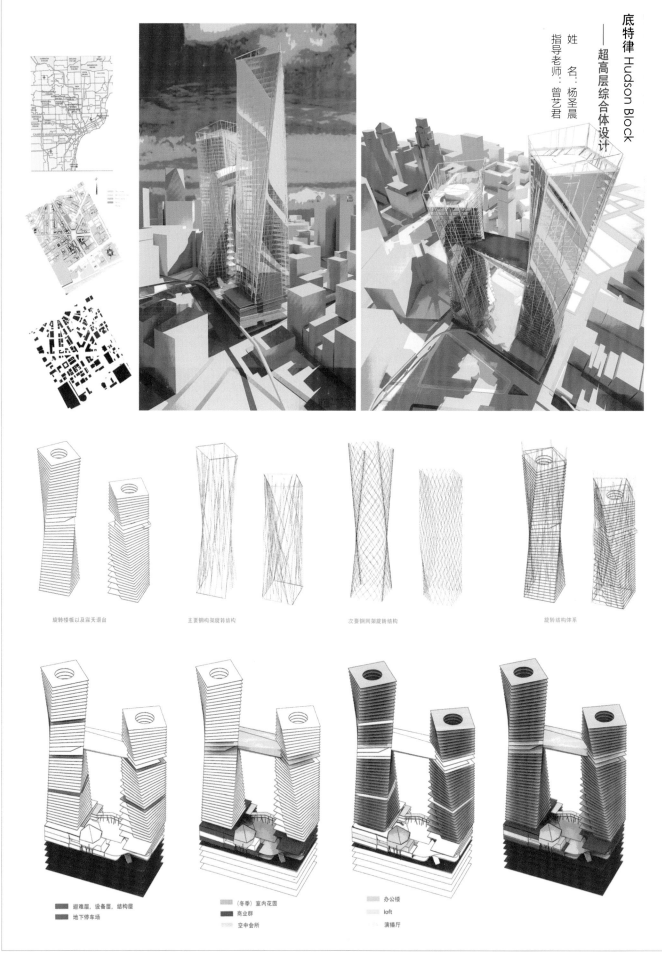

底特律 Hudson Block
——超高层综合体设计

姓　名：杨圣晨
指导老师：曾艺君

旋转楼板以及露天混台　　　主要钢构架旋转结构　　　次要钢网架旋转结构　　　旋转结构体系

避难层, 设备层, 结构层　　　(冬季) 室内花园　　　办公楼
地下停车场　　　　　　　商业群　　　　　　　loft
　　　　　　　　　　　空中会所　　　　　　演播厅

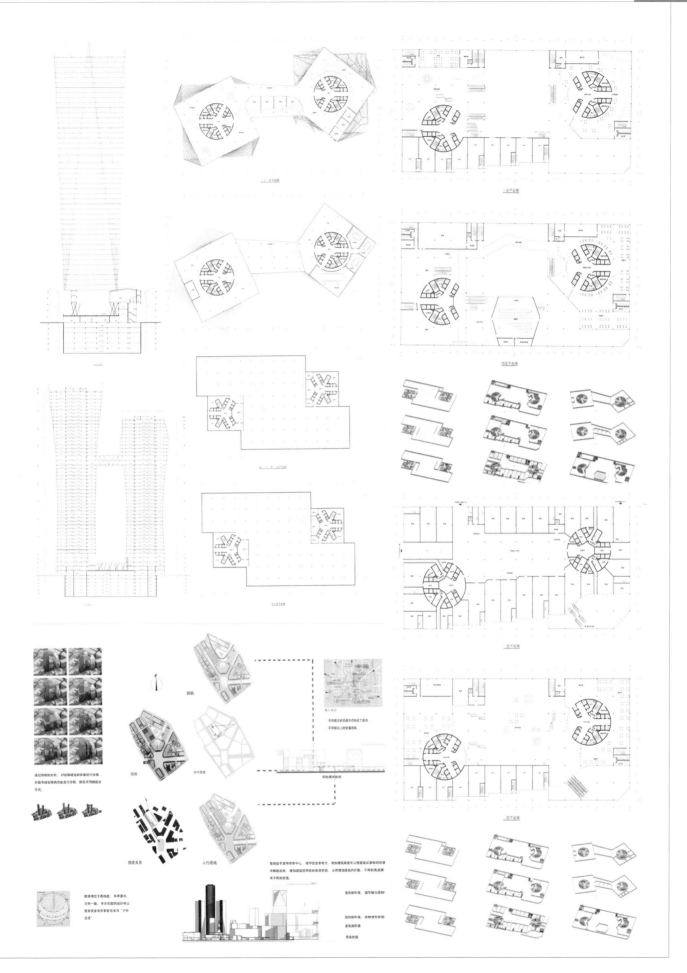

生态建筑表皮设计
——羊西线某高层综合楼设计

姓　　名：庞励
指导老师：曾艺君

设计说明

高层综合体设计的节能表现在许多方面，在形式设计上，采用统一的柱距与柱网，以便于以后功能发生改变时，可以经济合理地提供不同的使用空间。在办公室标准层的布置上，由于办公室多只在白天使用，夜间使用率很低，采用开敞式内廊道，减少了长明灯的能源浪费，在多数时间可以做到自然采光，无需使用外部能源。在外立面的选择上，将通风与自然采光、冬季保温与夏季遮阳与整体造型结合考虑。

总平面图 1:500

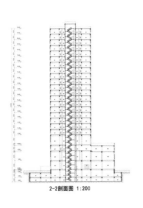

2-2剖面图 1:200

1-1剖面图 1:300

四层平面图 1:250

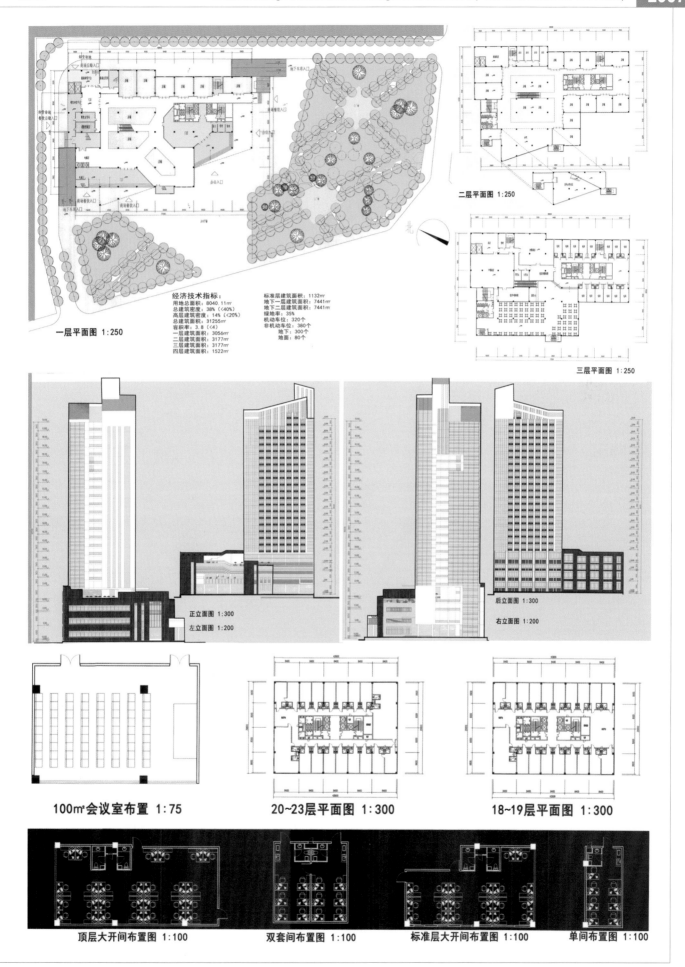

经济技术指标：

用地总面积：8040.11㎡
总建筑密度：38% (<40%)
高层建筑密度：14% (<20%)
总建筑面积：31255㎡
容积率：3.8 (<4)
一层建筑面积：3056㎡
二层建筑面积：3177㎡
三层建筑面积：3177㎡
四层建筑面积：1522㎡

标准层建筑面积：1132㎡
地下一层建筑面积：7441㎡
地下二层建筑面积：7441㎡
绿地率：35%
机动车位：320个
非机动车位：380个
地下：300个
地面：80个

一层平面图 1:250

二层平面图 1:250

三层平面图 1:250

正立面图 1:300
左立面图 1:200

后立面图 1:300
右立面图 1:200

100㎡会议室布置 1:75

20~23层平面图 1:300

18~19层平面图 1:300

顶层大开间布置图 1:100

双套间布置图 1:100

标准层大开间布置图 1:100

单间布置图 1:100

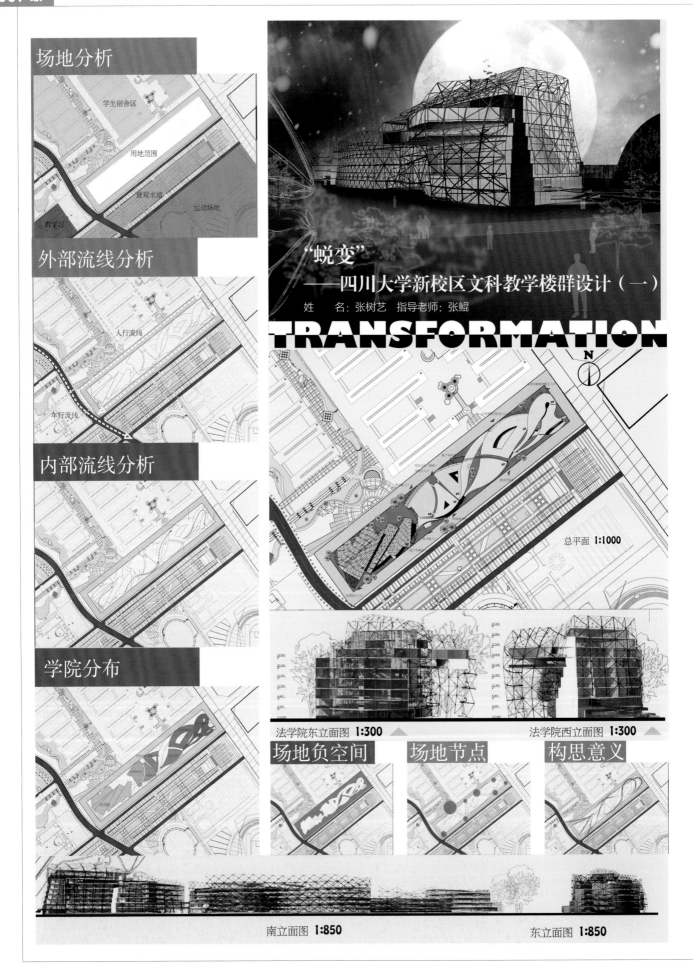

场地分析

外部流线分析

内部流线分析

学院分布

"蜕变"
——四川大学新校区文科教学楼群设计（一）

姓　名：张树艺　指导老师：张鲲

TRANSFORMATION

总平面 1:1000

法学院东立面图 1:300　　　　　　　　法学院西立面图 1:300

场地负空间　　　　场地节点　　　　构思意义

南立面图 1:850　　　　　　　　　　东立面图 1:850

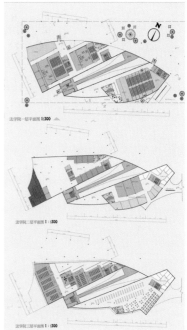

法学院一层平面图 1:300

法学院二层平面图 1:300

法学院三层平面图 1:300

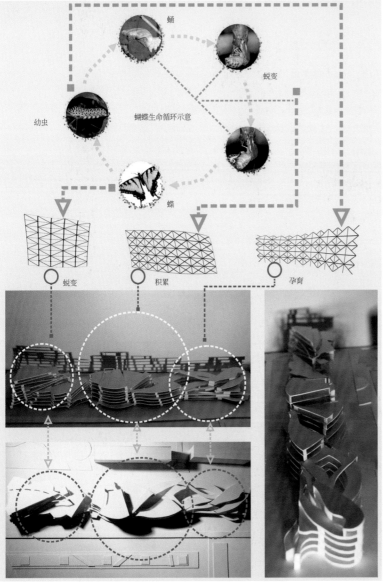

蛹

蜕变

幼虫   蝴蝶生命循环示意

蝶

蜕变   积累   孕育

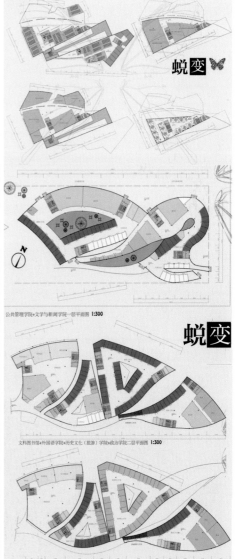

蜕变

蜕变

公共管理学院+文学与新闻学院一层平面图 1:300

文科图书馆+外国语学院+历史文化（旅游）学院+政治学院二层平面图 1:300

文科图书馆+外国语学院+历史文化（旅游）学院+政治学院三层平面图 1:300

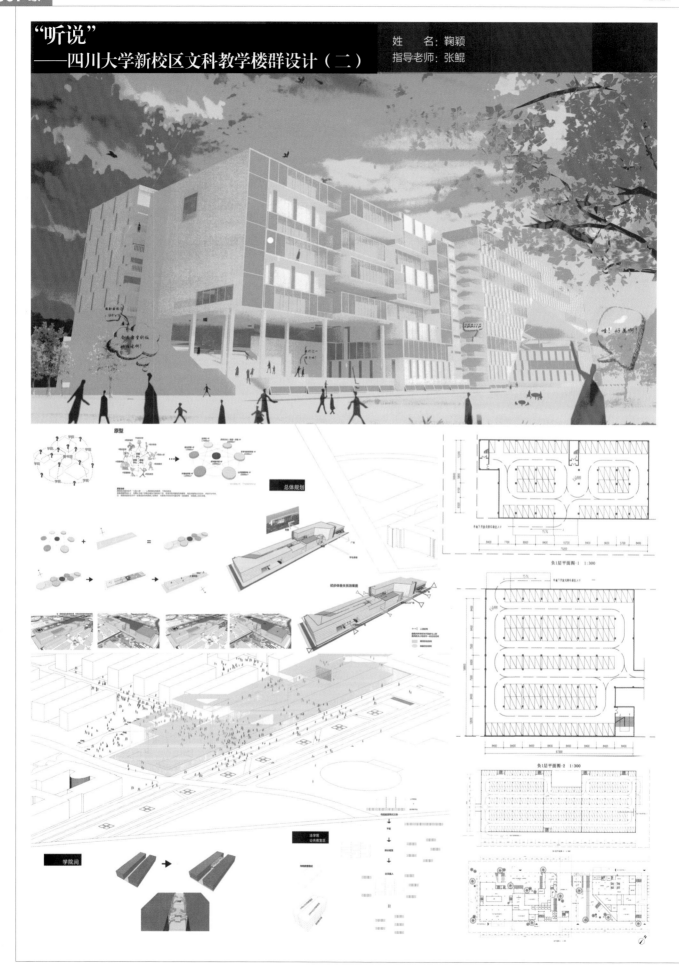

"听说"
——四川大学新校区文科教学楼群设计（二）

姓　名：鞠颖
指导老师：张鲲

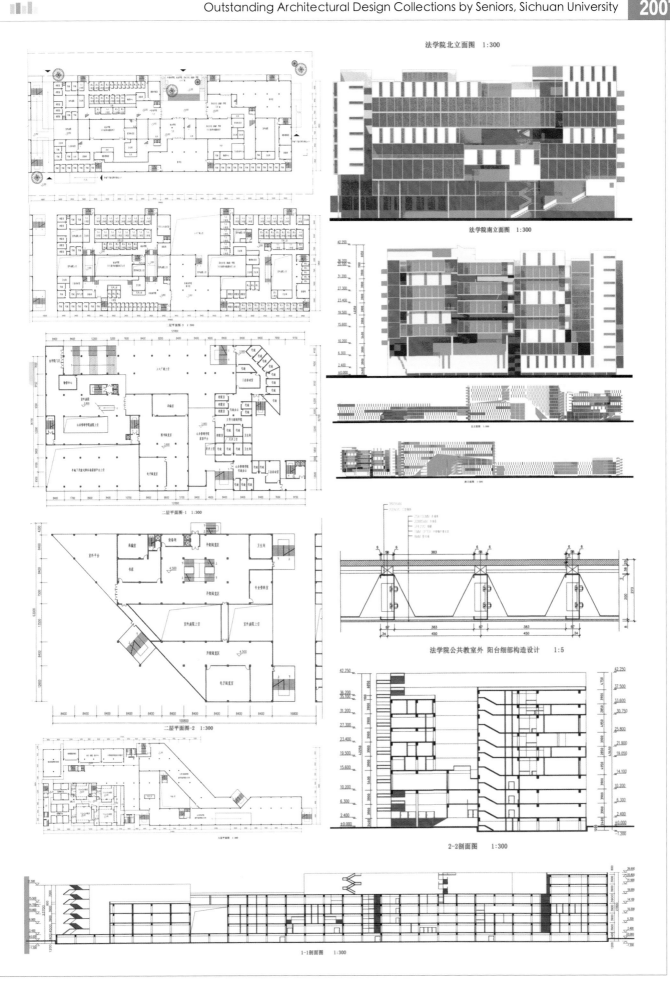

法学院北立面图　1:300

法学院南立面图　1:300

法学院公共教室外 阳台细部构造设计　1:5

2-2剖面图　1:300

二层平面图-1　1:300

二层平面图-2　1:300

1-1剖面图　1:300

"矛盾·事件·边界"：合院式空间在当代校园建筑中的探索与表达
——四川大学新校区文科教学楼群设计

姓　　名：阎慧
指导老师：张鲲

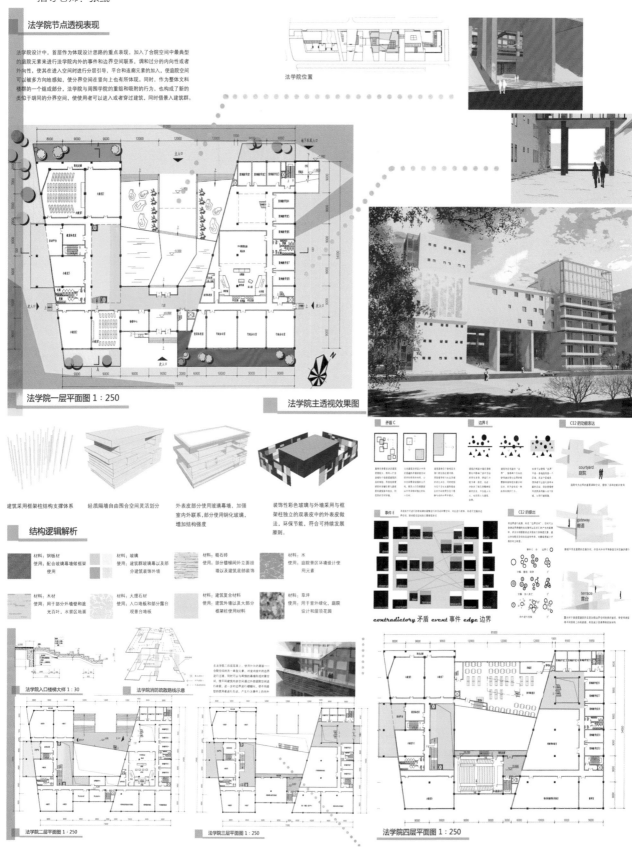

法学院节点透视表现

法学院设计中，将首层作为体现设计思路的重点表现，加入了合院空间中最典型的庭院元素来进行法学院内外的事件和边界空间探索，调和过分的内向性或者外向性，使其在进入空间时进行分层引导，平台和连廊元素的加入，使庭院空间可以被多方向地感知，使分界空间在竖向上也有所体现。同时，作为整体文科楼群的一个组成部分，法学院与周围学院的重组和吸附的行为，也构成了新的类似于胡同的分界空间，使使用者可以进入或者穿过建筑，同时借景入建筑群。

法学院位置

法学院一层平面图 1：250

法学院主透视效果图

建筑采用框架柱结构支撑体系

轻质隔墙自由围合空间灵活划分

外表皮部分使用玻璃幕墙，加强室内外联系，部分使用钢化玻璃，增加结构强度

装饰性彩色玻璃与外墙皮采用与框架柱独立的双表皮的外表皮做法，环保节能，符合可持续发展原则。

结构逻辑解析

矛盾 C　　边界 E　　CE2 的功能表达

事件 E　　CE2 的提出

contradictory 矛盾 *event* 事件 *edge* 边界

courtyard 庭院
gateway 胡同
terrace 露台

材料：钢板材
使用：配合玻璃幕墙做框架使用

材料：玻璃
使用：建筑群玻璃幕以及部分建筑装饰外墙

材料：稻石砖
使用：部分楼梯间外立面挡墙以及建筑底部装饰

材料：水
使用：庭院景区环境设计使用元素

材料：木材
使用：用于部分外墙壁和遮光百叶，水景区地面

材料：大理石材
使用：入口地板和部分露台吸景台地板

材料：建筑复合材料
使用：建筑墙面以及大部分框架柱使用材料

材料：草坪
使用：用于室外绿化、庭院设计和屋顶花园

法学院入口楼梯大样 1：30

法学院消防疏散路线示意

法学院二层平面图 1：250

法学院三层平面图 1：250

法学院四层平面图 1：250

文科教学楼群鸟瞰效果

经济指标

基地面积：25320m²
总建筑面积：114431m²
地上面积：95611m²
地下面积：18820m²
建筑占地面积：16513m²
建筑密度：65%
容积率：3.77
绿化率：10.2%

设计说明

设计基地位于四川大学江安校区东侧门附近，临近景观水道和宿舍东园。本次设计重点探索合院式空间在当代校园建筑的应用和改造，用合院式空间的典型元素去解决设计过程中所发现的设计矛盾，调节、重组设计与场地、文化、感知追求的边界以及其中产生的行为事件，用合院式空间创造合宜的空间环境。

半地下车库平面图 1:500

半地下车库防火分区示意

文科图书馆四层规划平面图 1:300

文科图书馆二层规划平面图 1:300

文科图书馆三层规划平面图 1:300

文科图书馆一层规划平面图 1:300

法学院五层平面图 1:250

法学院东南立面图 1:250

法学院六层平面图 1:250

法学院七层平面图 1:250

法学院西北立面图 1:250

文科教学楼群东南立面图 1:600

文科教学楼群西北立面图 1:600

探索"聚落"空间形态在高校建筑中的应用
——四川大学新校区文科教学楼群设计

姓　　名：刘泓吟
指导老师：张鲲

聚落的空间构成模式

1. 平面中心式
中心建筑最高，控制轴线剩余建筑沿轴线分布　图书馆——建筑群中心

2. 垂直分段式
地板下 H=2.5m 的空间作为开敞交流空间。上部为主要建筑　基座——共享空间

3. 随地形生成
多存在于山地中，呈退台式争取有利地势和景观　上层建筑——南向退台，争取阳光

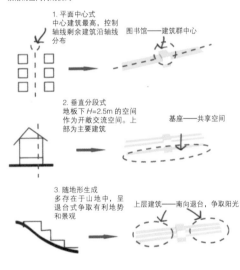

山地聚落空间带来的整体景观印象

设计说明：
建设用地位于四川大学江安校区内，整体构思起源于对"聚落空间形态"的探索。通过借鉴聚落的空间构成特点重新审视教学楼的空间构成，期望以此能增加其空间活力。
将建筑整体视为一个山地村落，更多地在垂直方向上组织空间，并且通过平台、退后，以及底层大空间的引入，试图活跃空间的气氛，激发人们交往的可能。
建筑造型从山地村落的意象中化出，面向景观水道，并且在底座部分以及图书馆多用竹材，希望与周围的环境更低调地融为一体。

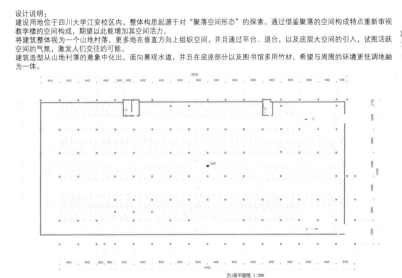

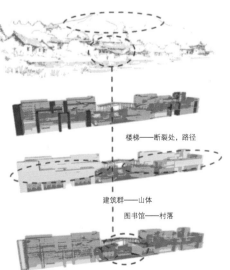

楼梯——断裂处，路径

建筑群——山体

图书馆——村落

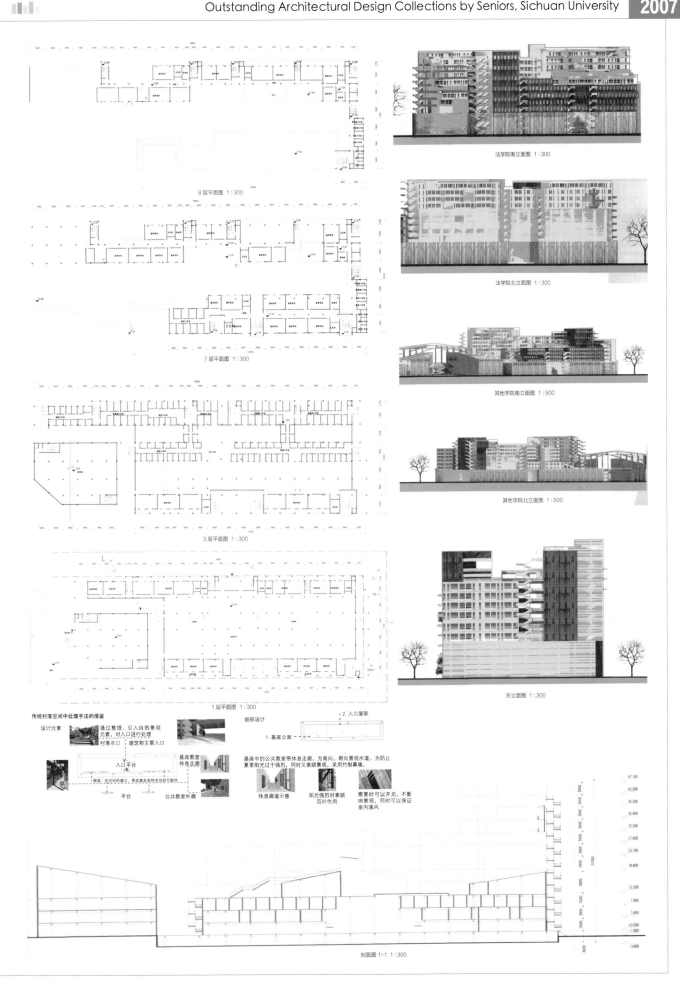

8层平面图 1:300

7层平面图 1:300

3层平面图 1:300

1层平面图 1:300

法学院南立面图 1:300

法学院北立面图 1:300

其他学院南立面图 1:500

其他学院北立面图 1:500

东立面图 1:300

传统村落空间中处理手法的借鉴

设计元素

细部设计

通过整理、引入自然景观元素，对入口进行处理

村落水口　建筑物主要入口

入口平台

基座教室
休息走廊

廊道、灰空间的建立，聚动激发多种交往的可能性

平台　　　公共教室外廊

2. 入口屋架

1. 基座立面

基座中的公共教室带休息走廊，为南向，朝向景观水道。为防止夏季阳光过于强烈，同时又兼顾景观，采用竹制幕墙。

休息廊道示意

阳光强烈时兼顾
百叶作用

需要时可以开启，不影响景观，同时可以保证室内通风

剖面图1-1 1:300

文教建筑空间动态性探讨
——四川大学新校区文科教学楼群设计

姓　　名：蒋颖
指导老师：张鲲

建筑单体技术经济指标：

法学院——总建筑面积：16454m²
建筑高度：A区：30m　　B区：27.6m
建筑层数：A区：8层　　B区：8层
文科图书馆——总建筑面积：9826m²
建筑高度：15.6m
建筑层数：4层
外语学院——总建筑面积：12203m²
建筑高度：教学楼：25.5m　办公楼：31.5m
建筑层数：教学楼：6层　办公楼：10层
政治学院——总建筑面积：12173m²
建筑高度：教学楼：21.6m　办公楼：31.5m
建筑层数：教学楼：6层　办公楼：10层
公共管理学院——总建筑面积：14308m²
建筑高度：教学楼：33.3m　办公楼：27.6m
建筑层数：教学楼：10层　办公楼：7层
文新学院——总建筑面积：15520m²
建筑高度：教学楼：34.5m　办公楼：23.7m
建筑层数：教学楼：10层　办公楼：7层
历史学院——总建筑面积：14872m²
建筑高度：教学楼：35.7m　办公楼：23.7m
建筑层数：教学楼：10层　办公楼：7层

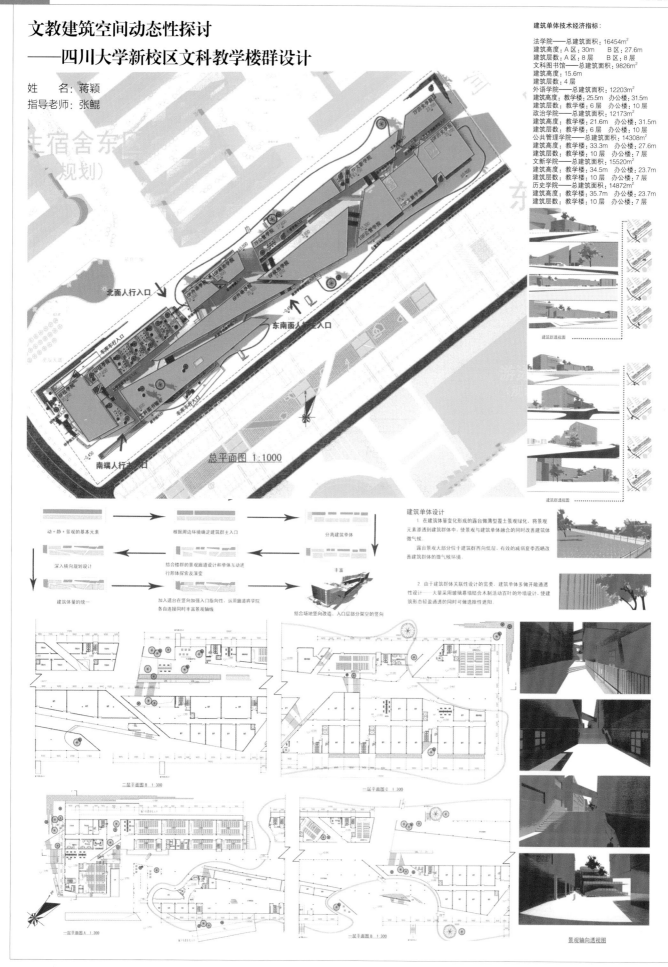

总平面图 1:1000

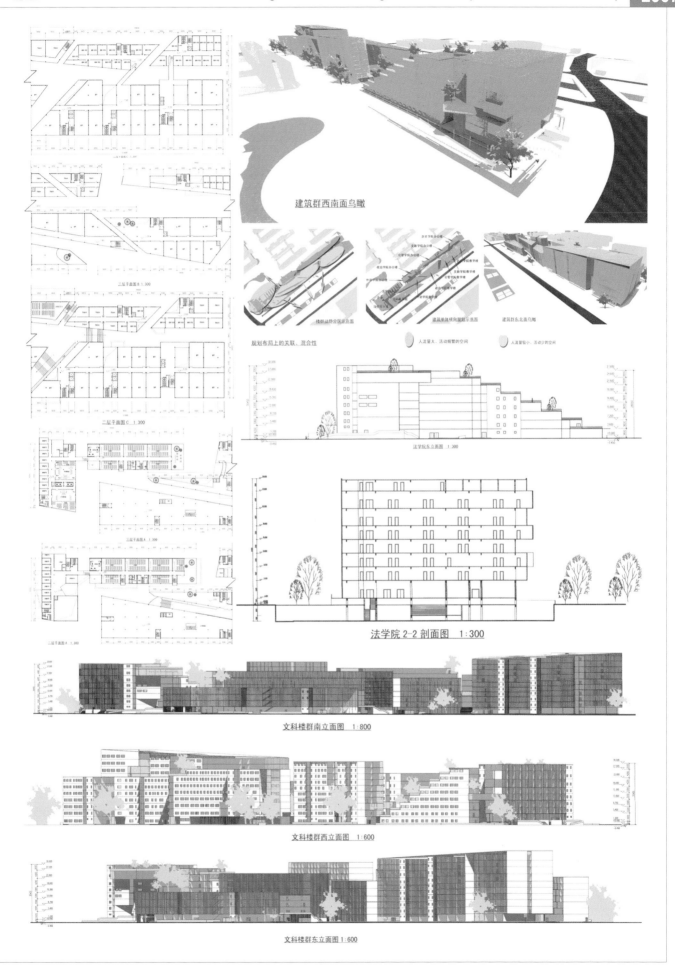

建筑群西南面鸟瞰

三层平面图 B 1:300

三层平面图 1:300

二层平面图 C 1:300

三层平面图 A 1:300

二层平面图 A 1:300

楼群动静分区示意图

建筑单体横向展开东鸟瞰

建筑群东北面鸟瞰

规划布局上的关联、混合性

人流量大、活动频繁的空间

人流量较小、活动少的空间

法学院东立面图 1:300

法学院 2-2 剖面图 1:300

文科楼群南立面图 1:800

文科楼群西立面图 1:600

文科楼群东立面图 1:600

"大地·律动"：探讨有机建筑理论与可持续性技术结合的生态效果
——四川大学新校区文科教学楼群设计

姓　名: 吴娟　指导老师: 张鲲

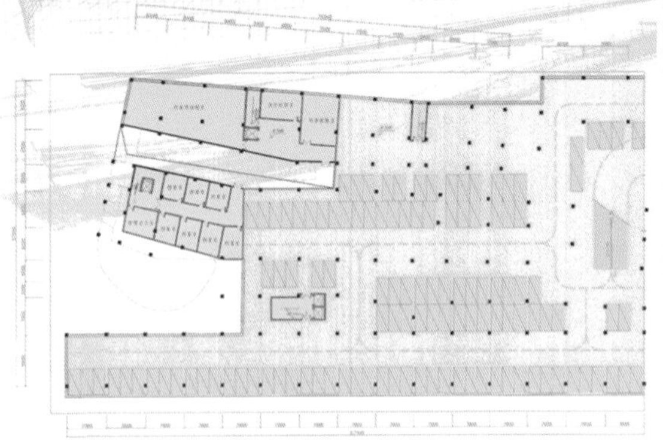

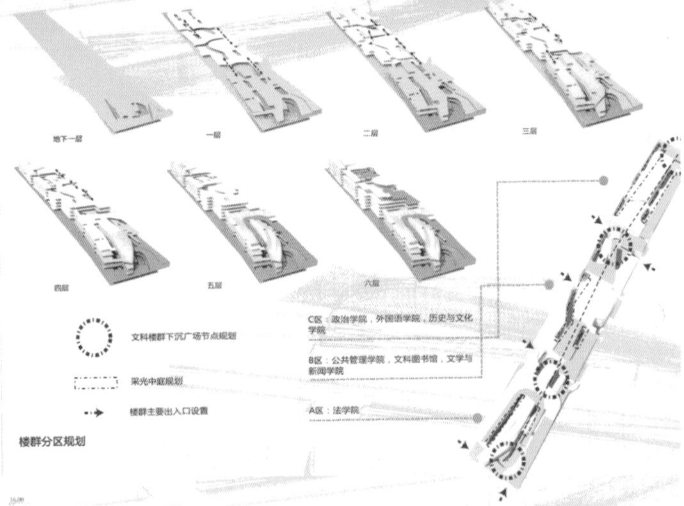

地下一层　　一层　　二层　　三层

四层　　五层　　六层

文科楼群下沉广场节点规划

采光中庭规划

楼群主要出入口设置

C区: 政治学院, 外国语学院, 历史与文化学院

B区: 公共管理学院, 文科图书馆, 文学与新闻学院

A区: 法学院

楼群分区规划

A区地下车库平面图 1:400

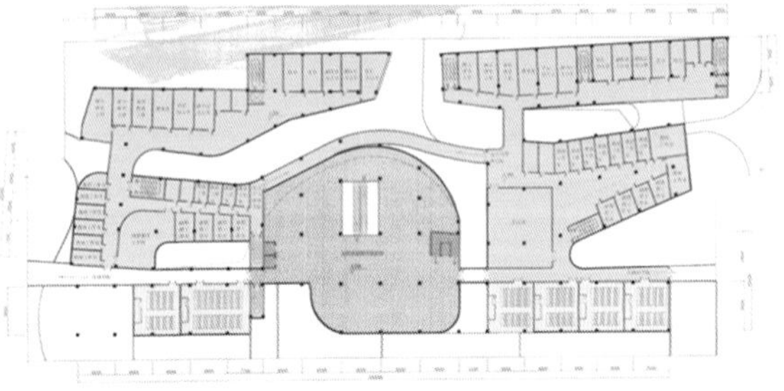

B区二层平面图 1:400

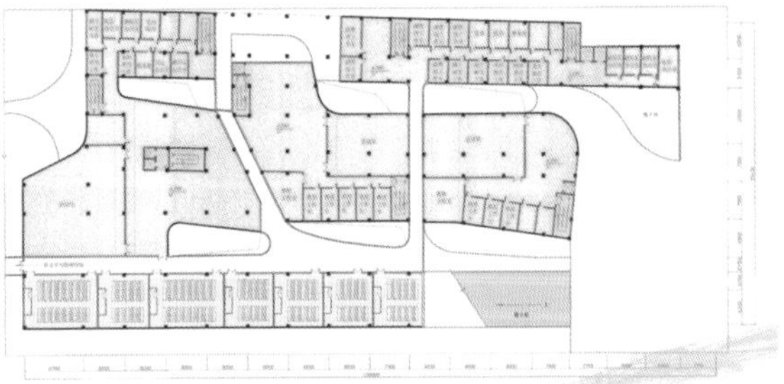

C区二层平面图 1:400

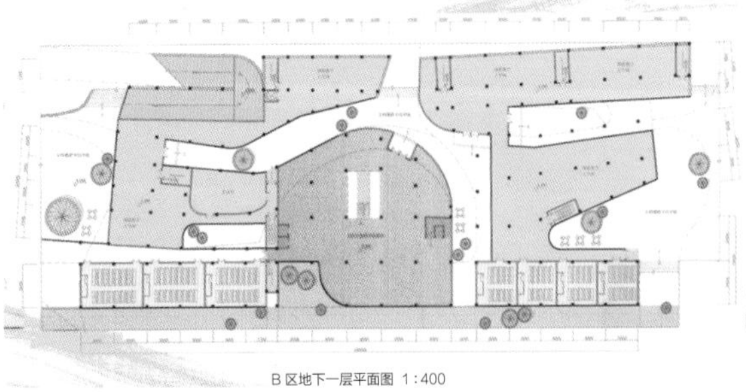

B区地下一层平面图 1:400

法学院东立面图 1:300

法学院西立面图 1:300

法学院南立面图 1:300

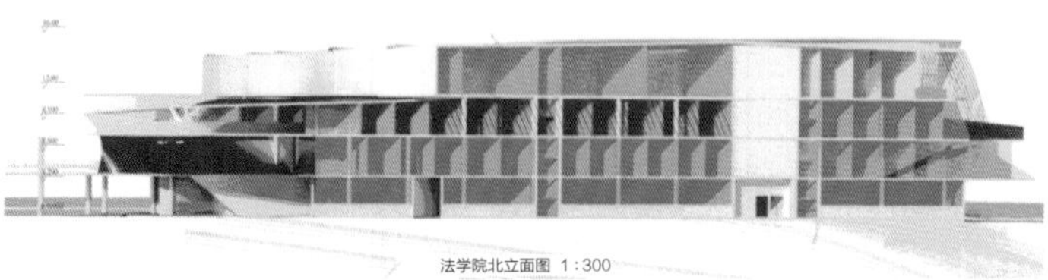

法学院北立面图 1:300

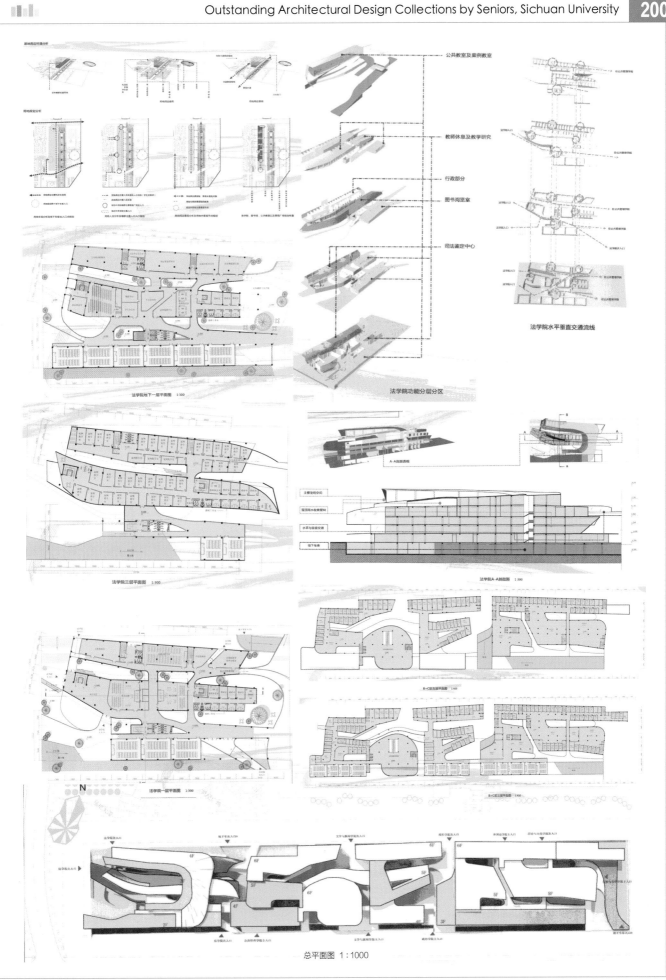

公共教室及案例教室

教师休息及教学研究

行政部分

图书阅览室

司法鉴定中心

法学院水平垂直交通流线

法学院功能分层分区

总平面图 1:1000

成都本土建筑符号在现代文化建筑中的应用
——成都文化中心方案设计

姓　　名：肖晓苗
指导老师：林武国

意象来源

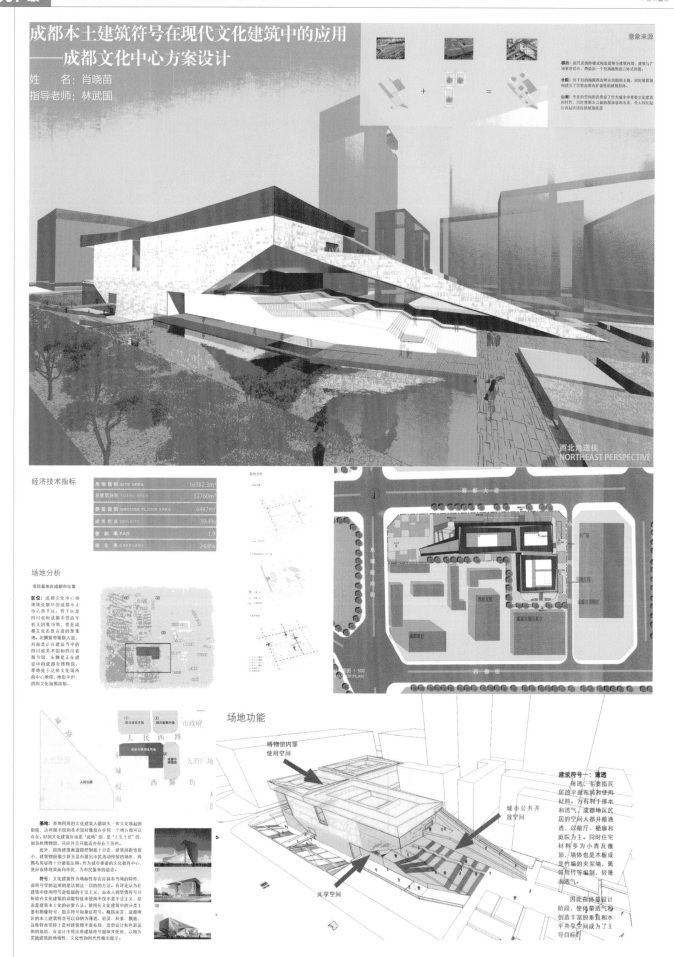

西北向透视
NORTHEAST PERSPECTIVE

经济技术指标

用地面积 SITE AREA	16382.3m²
总建筑面积 TOTAL AREA	32760m²
基底面积 GROUND FLOOR AREA	6447m²
建筑密度 DENSITY	39.4%
容 积 率 FAR	1.9
绿 化 率 GREENERY	24.6%

基地分析

场地分析

项目基地在成都市位置

区位： 成都文化中心场地地处繁华的成都市正中心的青羊区，青羊区是四川省及成都市党政军机关的集中地，也是成都文化名胜古迹的聚集地，北侧紧邻锦都大道，对面是处于在建设当中的四川省美术馆和四川省图书馆，东侧是正在建设中的成都市博物馆。基地处于这样文化场所的中心地带，地形平坦，四网文化氛围浓郁。

基地： 基地两侧的文化建筑大都缺失一些文化缘起的脉络，这些图书馆和美术馆好像放在任何一个地方都可以存在，好的文化建筑应该是"此地"的，是"土生土长"的，如苏州博物馆，它应用只能适合存在于苏州。

此外，四周建筑离道路距离十分近，建筑离距离也小，建筑物缺留步骤市民活动停留的场所。网围布局符行十分窘促压抑，作为城市重要的文化教育中心，更应该体现其面向市区，为市民服务的姿态。

符号： 文化建筑作为地标性存在应具有当地的特性，而符号学的运用则是达到这一目的的方法。有评论认为有建筑中使用符号是犯庸俗的于义主义，本人则荣做符号分析结合文化建筑功能结果来使用不仅不是于义主义，反而是建筑本土化的必要。使用有文化意义中分符号主要有图像符号、指示符号和象征符号，概括来言，成都地区的文化建筑都可以归结为薄透、轻质、升敞、飘逸，这些特点其实是对建筑物平面布局、造型设计和色彩运用的总结。在设计中将这些建筑符号提取并重要加以应用，以期为实践建筑的地域性、文化性和时代性做出提示。

场地功能

博物馆内部使用空间

城市公共开放空间

共享空间

建筑符号一：薄透

薄透，主要指民居的平面布局和使用材料。为有利于排水和透气，成都地区民居的空间大都开敞通透，以厅堂、檐廊和庭院为主。同时住宅材料多为小青瓦覆顶，墙体也是木板或是竹编的夹泥墙，篱笆则用竹等编制，轻薄而透气。

因此在体量设计阶段，使传播薄透构创造丰富的垂直和水平共享空间成为了主导目标。

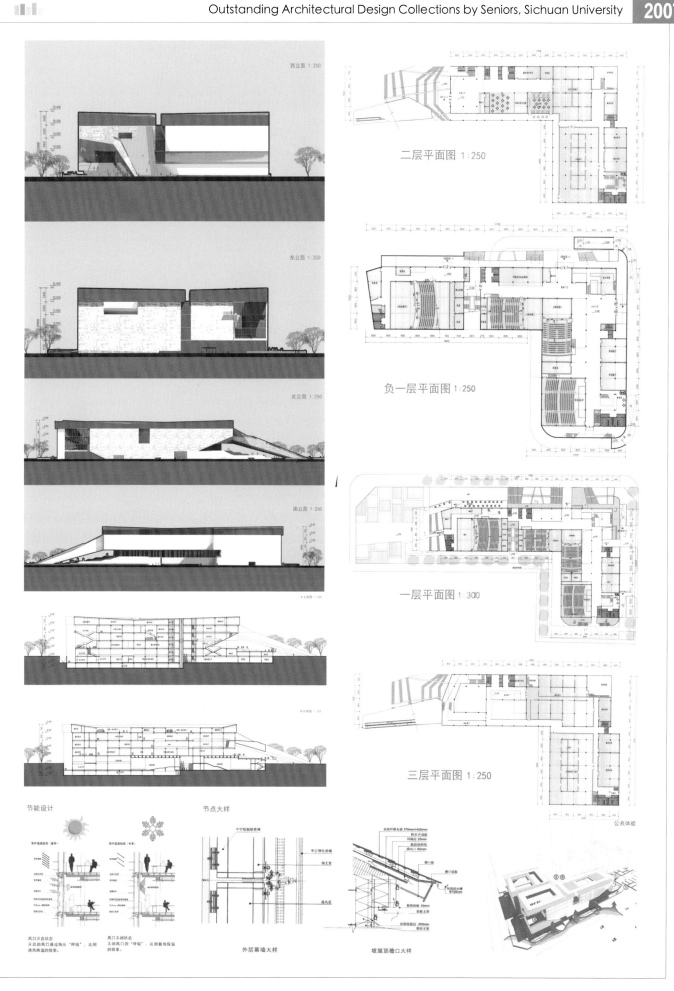

西立面 1:250

东立面 1:250

北立面 1:250

南立面 1:250

二层平面图 1:250

负一层平面图 1:250

一层平面图 1:300

三层平面图 1:250

公共体验

节能设计

节点大样

外层幕墙大样

坡屋顶檐口大样

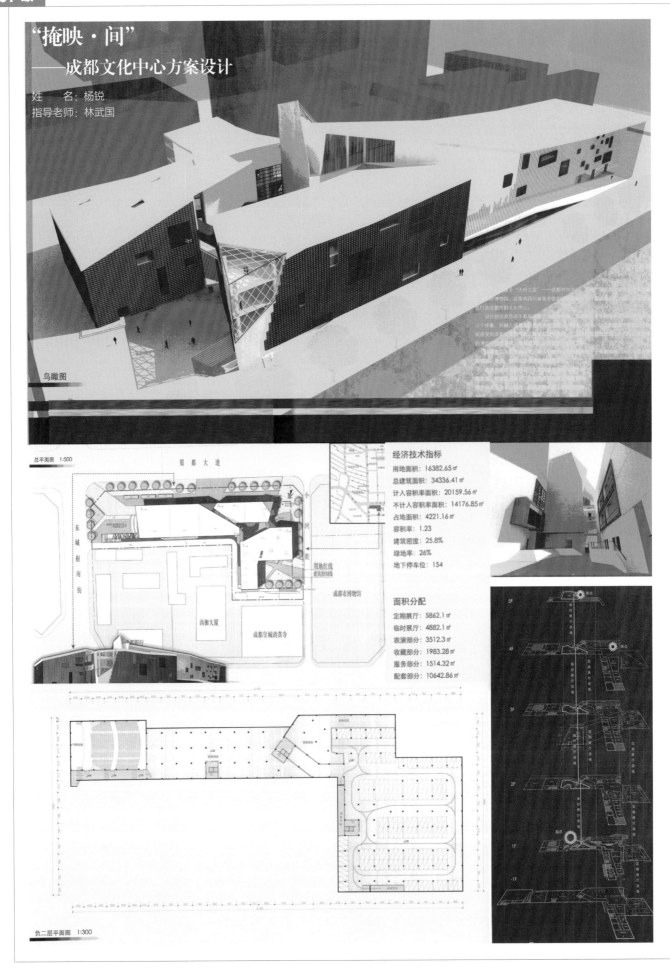

"掩映·间"
——成都文化中心方案设计

姓　　名：杨锐
指导老师：林武国

鸟瞰图

总平面图 1:500

经济技术指标

用地面积：16382.65㎡
总建筑面积：34336.41㎡
计入容积率面积：20159.56㎡
不计入容积率面积：14176.85㎡
占地面积：4221.16㎡
容积率：1.23
建筑密度：25.8%
绿地率：26%
地下停车位：154

面积分配

定期展厅：5862.1㎡
临时展厅：4882.1㎡
表演部分：3512.3㎡
收藏部分：1983.28㎡
服务部分：1514.32㎡
配套部分：10642.86㎡

负二层平面图 1:300

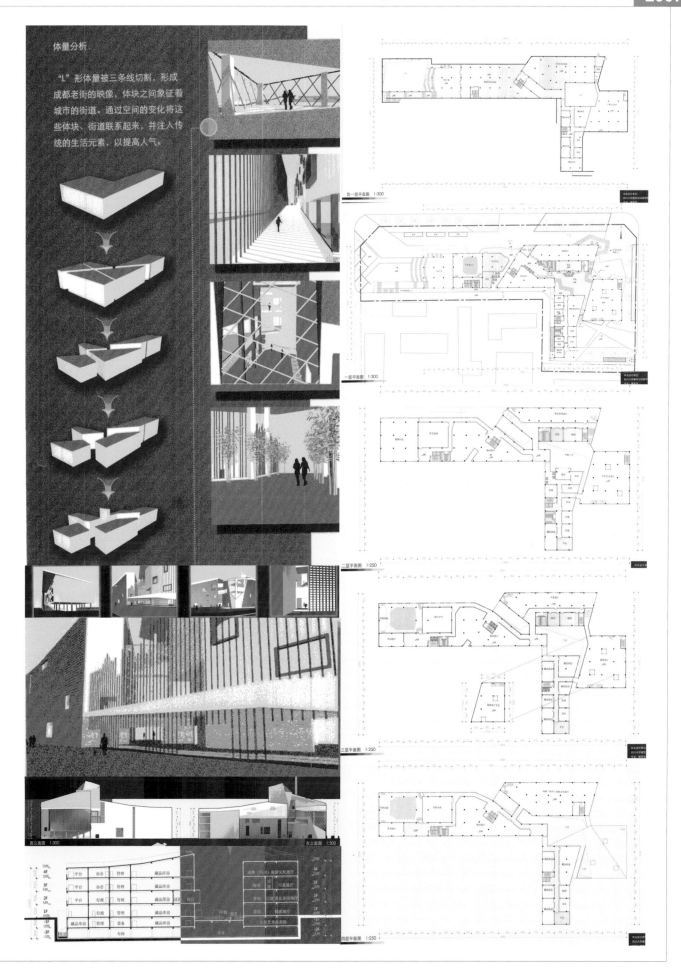

体量分析

"L" 形体量被三条线切割，形成成都老街的映像，体块之间象征着城市的街道。通过空间的变化将这些体块、街道联系起来，并注入传统的生活元素，以提高人气。

整合建筑元素
——成都市"198区域"中小学建筑设计

姓　　名：储成娇
指导老师：张鸣

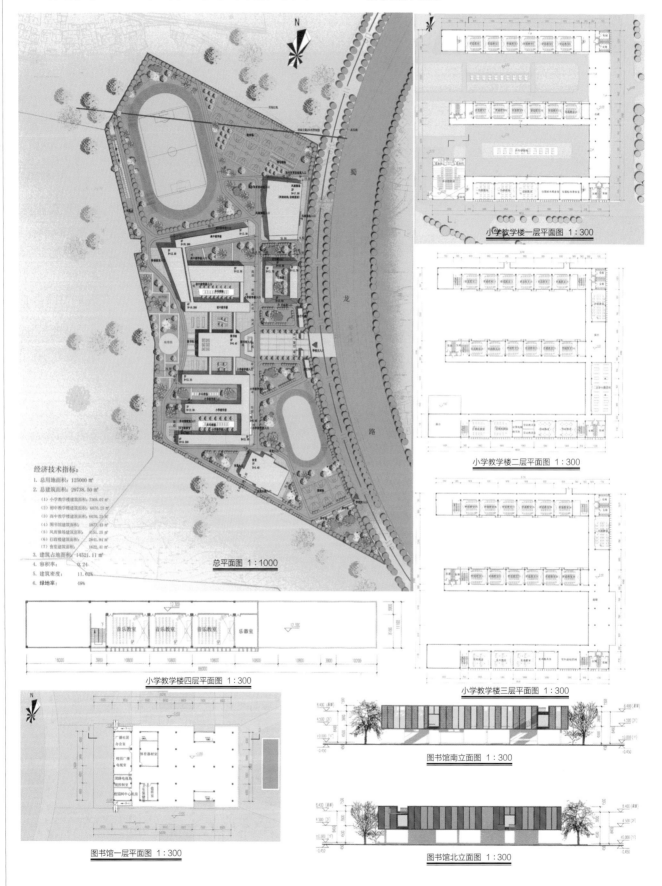

经济技术指标：
1. 总用地面积：125000 ㎡
2. 总建筑面积：29738.50 ㎡
   (1) 小学教学楼建筑面积：7305.07 ㎡
   (2) 初中教学楼建筑面积：6070.23 ㎡
   (3) 高中教学楼建筑面积：6070.23 ㎡
   (4) 图书馆建筑面积：1872.43 ㎡
   (5) 风雨操场建筑面积：3151.25 ㎡
   (6) 行政楼建筑面积：2841.81 ㎡
   (7) 食堂建筑面积：1622.41 ㎡
3. 建筑占地面积：14521.11 ㎡
4. 容积率：0.24
5. 建筑密度：11.62%
6. 绿地率：49%

总平面图 1:1000

小学教学楼一层平面图 1:300

小学教学楼二层平面图 1:300

小学教学楼三层平面图 1:300

小学教学楼四层平面图 1:300

图书馆一层平面图 1:300

图书馆南立面图 1:300

图书馆北立面图 1:300

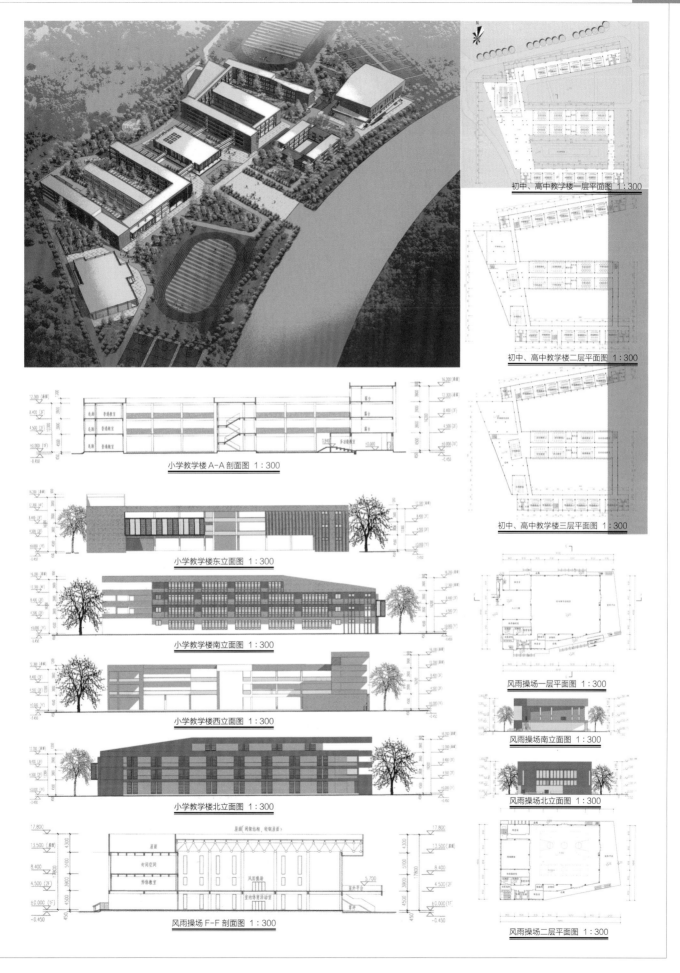

小学教学楼A-A剖面图 1:300

小学教学楼东立面图 1:300

小学教学楼南立面图 1:300

小学教学楼西立面图 1:300

小学教学楼北立面图 1:300

风雨操场 F-F 剖面图 1:300

初中、高中教学楼一层平面图 1:300

初中、高中教学楼二层平面图 1:300

初中、高中教学楼三层平面图 1:300

风雨操场一层平面图 1:300

风雨操场南立面图 1:300

风雨操场北立面图 1:300

风雨操场二层平面图 1:300

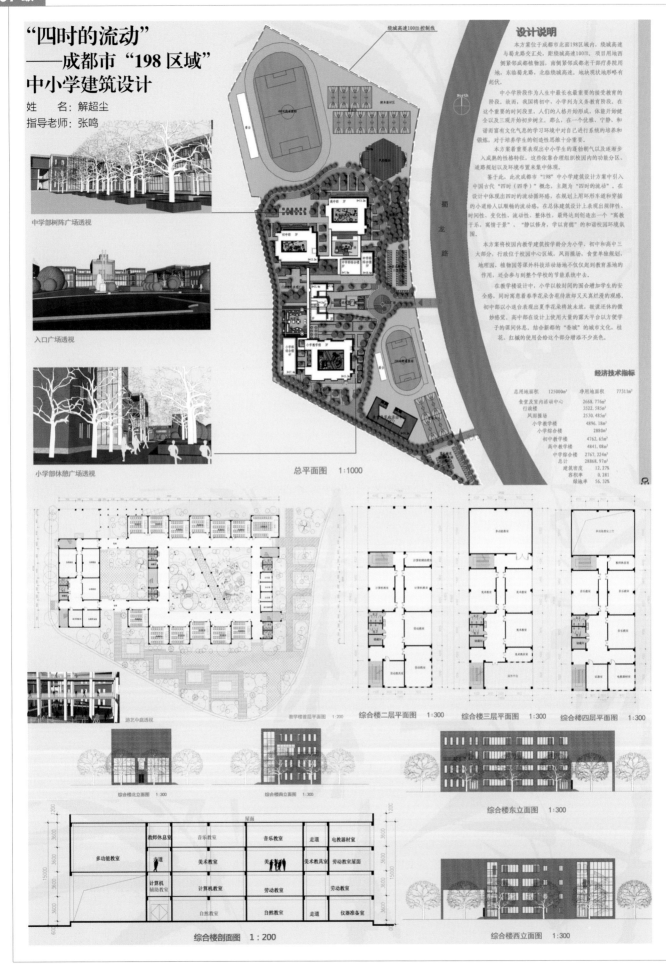

"四时的流动"
——成都市"198区域"中小学建筑设计

姓　　名：解超尘
指导老师：张鸣

中学部树阵广场透视

入口广场透视

小学部休憩广场透视

绕城高速100m控制线

North

蜀龙路

总平面图　1:1000

设计说明

本方案位于成都市北面198区域内，绕城高速与蜀龙路交汇处，距绕城高速100m。项目用地西侧紧邻成都植物园，南侧紧邻成都老干部疗养院用地，东临蜀龙路，北临绕城高速，地块现状地形略有起伏。

中小学阶段作为人生中最长也最重要的接受教育的阶段，故而，我国将初中、小学列为义务教育阶段。在这个重要的时间段上，人们的人格开始形成，体能开始健全以及三观开始初步树立。那么，在一个优雅、宁静、和谐而富有文化气息的学习环境中对自己进行系统的培养和锻造，对于培养学生的创造性思维十分重要。

本方案着重要表现出中小学生的蓬勃朝气以及逐渐步入成熟的性格特征，这些依靠合理组织校园内的功能分区、道路规划以及环境布置来集中体现。

鉴于此，此次成都市"198"中小学建筑设计方案中引入中国古代"四时(四季)"概念，主题为"四时的流动"，在设计中体现出四时的流动循环感。在规划上用环形水道和穿插的小道给人顺畅的流动感，在总体建筑设计上表现出规律性、时间性、变化性、流动性、整体性，最终达到创造出一个"寓教于乐，寓情于景"、"静以修身，学以育德"的和谐校园环境氛围。

本方案将校园内教学建筑按学龄分为小学、初中和高中三大部分，行政位于校园中心区域，风雨操场、食堂单独规划，地理园、植物园等课外科技活动场地不仅仅起到教育基地的作用，还会参与到整个学校的节能系统中去。

在教学楼设计中，小学以较封闭的围合增加学生的安全感，同时寓意着春季花朵含苞待放却又天真烂漫的观感。初中部以小退台表现出夏季花朵将放未放，欲说还休的微妙感觉。高中部在设计上使用大量的露天平台以方便学子的课间休息，结合新都的"香城"的城市文化，桂花、红槭的使用会给这个部分增添不少亮色。

经济技术指标

总用地面积	125000m²
净用地面积	77311m²
食堂及室内活动中心	2668.776m²
行政楼	3522.585m²
风雨操场	2530.485m²
小学教学楼	4896.18m²
小学综合楼	2880m²
初中教学楼	4762.65m²
高中教学楼	4841.08m²
中学综合楼	2767.224m²
总计	28868.97m²
建筑密度	12.27%
容积率	0.281
绿地率	56.32%

游艺中庭透视

教学楼首层平面图　1:200

综合楼二层平面图　1:300

综合楼三层平面图　1:300

综合楼四层平面图　1:300

综合楼北立面图　1:300

综合楼南立面图　1:300

综合楼东立面图　1:300

综合楼西立面图　1:300

综合楼剖面图　1:200

	屋面		
教师休息室	音乐教室	音乐教室	走道	电教器材室
多功能教室	美术教室	美术	美术教具室	劳动教室屋面
计算机辅助教室	计算机教室	劳动教室	劳动教室
	自然教室	自然教室	走道	仪器准备室

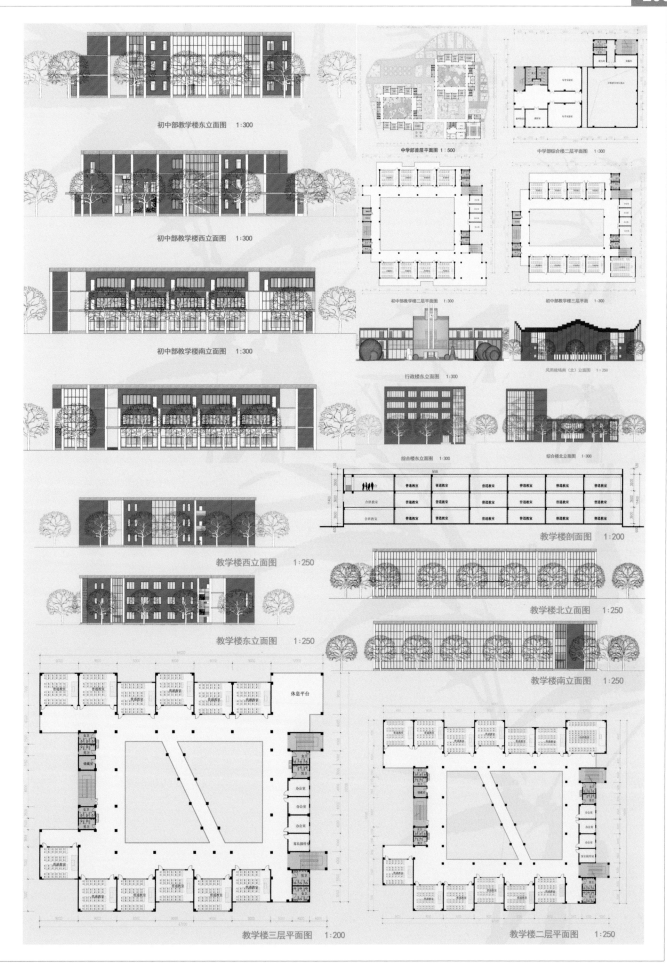

初中部教学楼东立面图　1:300

初中部教学楼西立面图　1:300

初中部教学楼南立面图　1:300

教学楼西立面图　1:250

教学楼东立面图　1:250

教学楼三层平面图　1:200

中学部首层平面图　1:500

中学部综合楼二层平面图　1:300

初中部教学楼二层平面图　1:300

初中部教学楼三层平面　1:300

行政楼东立面图　1:300

风雨操场南（北）立面图　1:250

综合楼东立面图　1:300

综合楼北立面图　1:300

教学楼剖面图　1:200

教学楼北立面图　1:250

教学楼南立面图　1:250

教学楼二层平面图　1:250

在现代文教建筑的设计中传承名校文化积淀
——四川大学江安校区文学艺术与科技创新汇聚中心

姓　　名：曾琳雯
指导老师：胡昂

设计说明：
此次设计项目为四川大学江安校区文学艺术与科学创新汇聚中心，为未来四川大学的标志性建筑，同时也将面向公众开放。因此于学校而言是非常具有实际以及代表意义

的重要项目。因此，作为校园的代表建筑应承载川大人的精神，传承百年名校的文化历史，同时也要符合时代特征。因此要以现代建筑的形式与语汇融合校园文化特征，符

合当代校园精神，发挥其应有的实际功能与使命。
在设计初始时，我发现设计用地退红线正好可以放下81m×81m的体块，可以构成九宫格的形式。而九

宫格在我国古代的书法艺术以及河洛图书（数学、易经中的重要部分）。正好切合文学艺术与科学，同时运用现代建筑手法表达出创新，建筑基调选用白色，以凸显标志性建筑的地位

形象生成示意图
1 → 2 → 3 → 4 → 5 → 6 → 7 → 8

各人群流线分析图

学生流线　　　　　　专家流线　　　　　　市民流线

展厅效果图

连通六层与五层的大楼梯中设置了宽2m的平台，可以在其上放置可以碰触的展品，其高度也可以供游人坐、站，具有使用价值。

展厅效果图

主入口　　市民入口

红线

总平面图　1:500

一层平面图　1:200

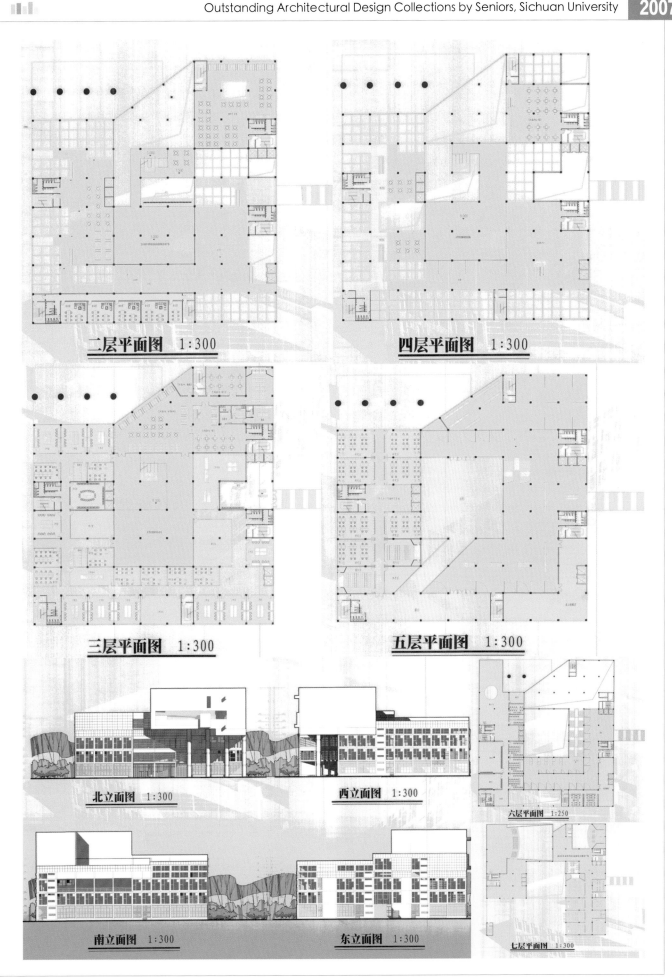

二层平面图 1:300

四层平面图 1:300

三层平面图 1:300

五层平面图 1:300

北立面图 1:300

西立面图 1:300

六层平面图 1:250

南立面图 1:300

东立面图 1:300

七层平面图 1:300

建筑立面的建构探索
——四川大学文化艺术与科技创新汇聚中心设计

姓　　名：韩艺宽
指导老师：胡昂

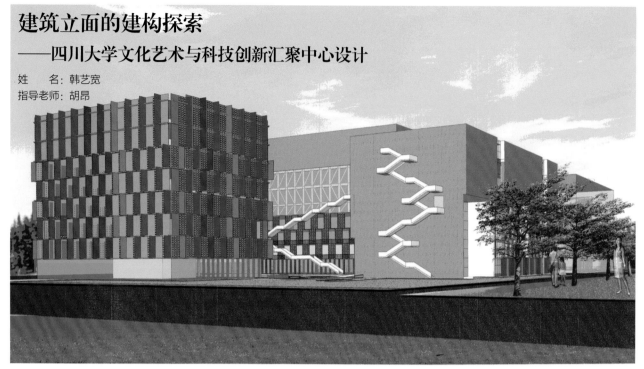

西北立面图 1：200

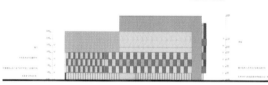

西南立面图 1：200

经济技术指标：
总用地面积：10783 ㎡
总建筑面积：28137 ㎡（不含地下室）

设计说明

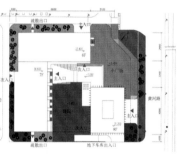

总平面图 1：500

东南立面图 1：200

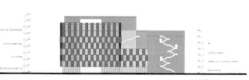

东北立面图 1：200

八层平面图 1：200　　　　　七层平面图 1：200　　　　　六层平面图 1：200

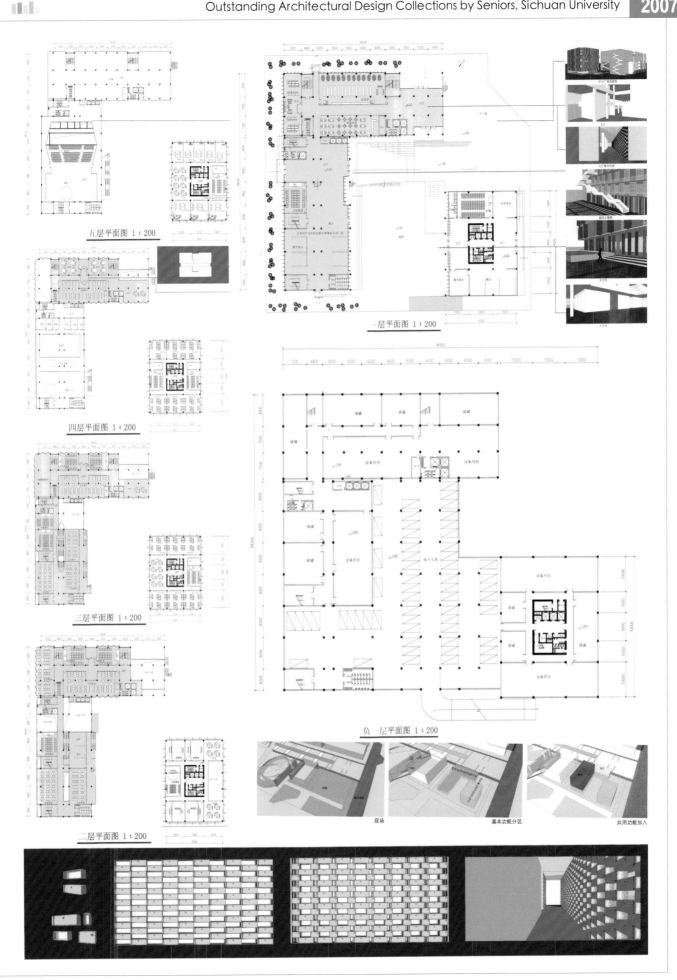

五层平面图 1:200

四层平面图 1:200

三层平面图 1:200

二层平面图 1:200

一层平面图 1:200

负一层平面图 1:200

现场

基本功能分区

共用功能加入

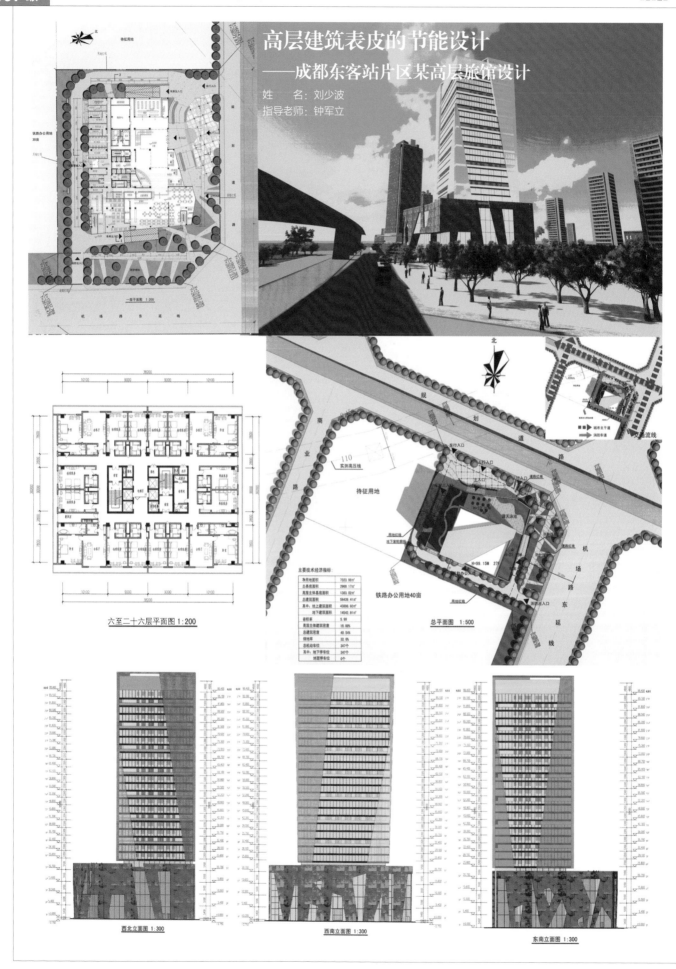

高层建筑表皮的节能设计
——成都东客站片区某高层旅馆设计

姓　　名：刘少波
指导老师：钟军立

一层平面图 1:200

六至二十六层平面图 1:200

总平面图 1:500

西北立面图 1:300

西南立面图 1:300

东南立面图 1:300

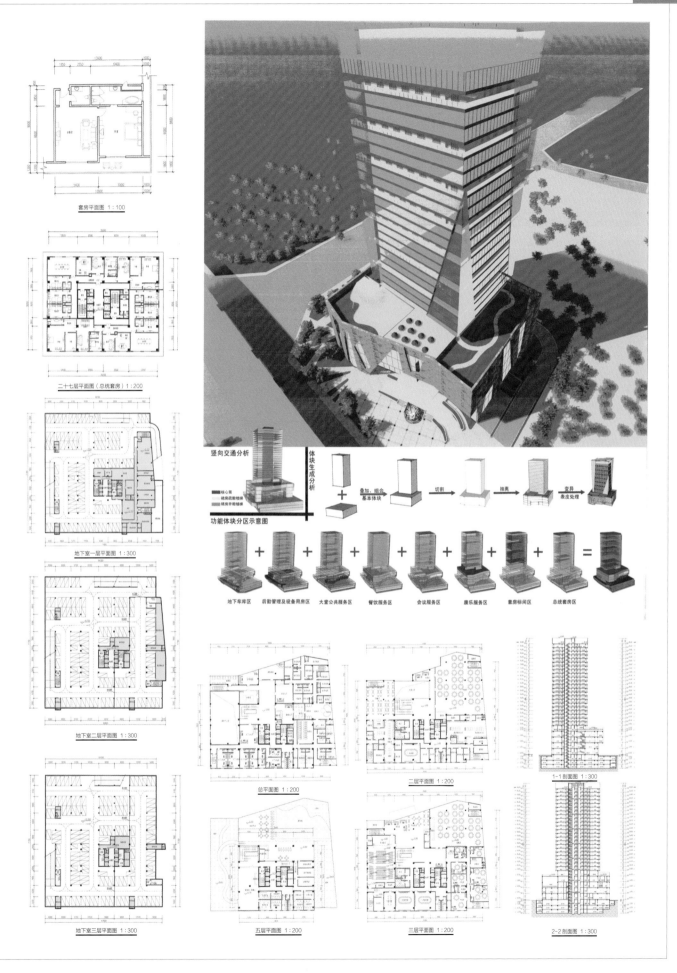

套房平面图 1:100

二十七层平面图（总统套房）1:200

地下室一层平面图 1:300

地下室二层平面图 1:300

地下室三层平面图 1:300

竖向交通分析

体块生成分析

功能体块分区示意图

地下车库区　后勤管理及设备用房区　大堂公共服务区　餐饮服务区　会议服务区　康乐服务区　客房标间区　总统套房区

总平面图 1:200　　二层平面图 1:200　　1-1 剖面图 1:300

五层平面图 1:200　　三层平面图 1:200　　2-2 剖面图 1:300

上海世博会中国馆设计

姓　　名：李珂
指导老师：金东坡

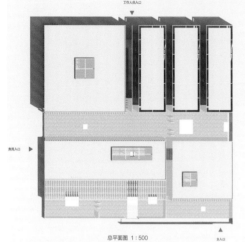

总平面图 1:500

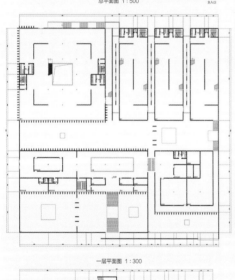

一层平面图 1:300

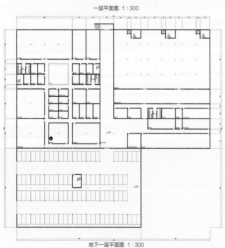

地下一层平面图 1:300

缘起

方案缘起于重读《中国美术史》。

中国古典艺术发展至隋唐时期，由于国势鼎盛进而为文化带来了伟大、特殊的色彩。敦煌壁画从粗犷的印度技法逐渐接近顾恺之的"春蚕吐丝"描述；"尸毗王""萨埵那太子"的故事渐渐地被安静祥和的菩萨替代。

净土

同时，在敦煌壁画中，对"净土"世界的描绘多了起来。佛教认为，我们现在生活的这个世界是不好的，充满了痛苦、肮脏。但通过信仰的锻炼，就能够解脱痛苦，得到智慧和幸福，渡过苦海，到达"净土"。

净土是幸福的地方。

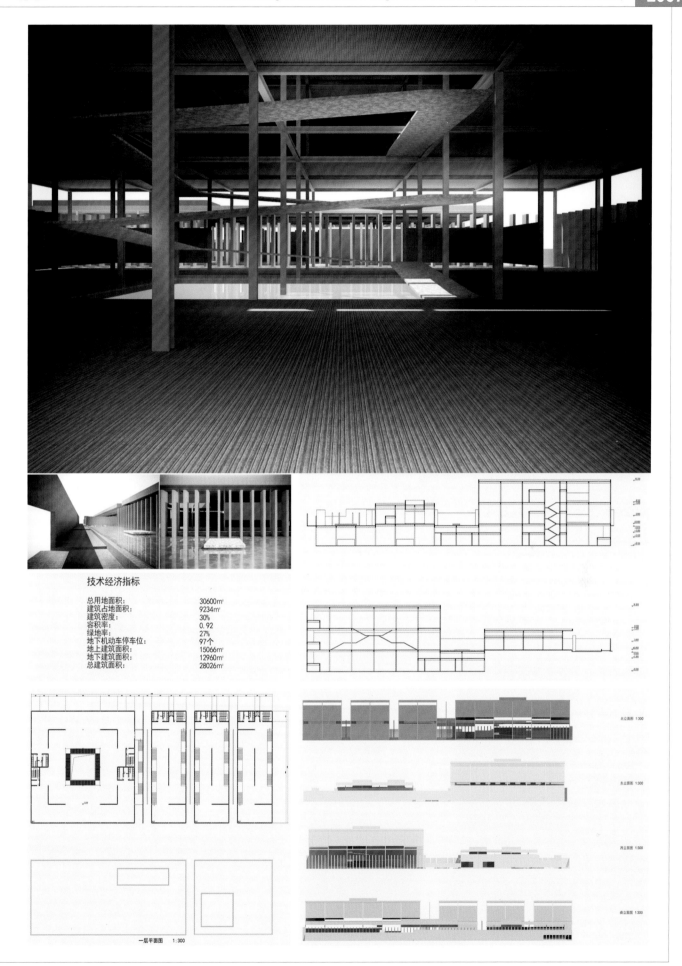

技术经济指标

总用地面积：	30600m²
建筑占地面积：	9234m²
建筑密度：	30%
容积率：	0.92
绿地率：	27%
地下机动车停车位：	97个
地上建筑面积：	15066m²
地下建筑面积：	12960m²
总建筑面积：	28026m²

一层平面图　　1:300

北立面图 1:300

东立面图 1:300

西立面图 1:300

南立面图 1:300

"联动·织绘"——成都火车东站综合体设计

姓　名：金鑫　指导老师：陈岚、曾斌

设计说明：本设计位于成都火车东站东北方向，场地形状呈梯形，项目为商业、酒店、办公三位一体的综合建筑体，计划规模约 6 万 m²。在充分分析周边环境和总平面图后，根据人行和车流的便利性初步进行了场地设计。同时定下了联动和织绘的理念。联动，即建筑和场地的联动，建筑与城市的联动，建筑自身的联动。织绘则与毕业设计研究的题目——建构相关，建筑的围护结构起源于编织，本综合体的表皮就从四川传统的编织工艺中进行提取，通过建构语言的转译形成现代的表皮形式，为东站区域单一的表皮加入活力。

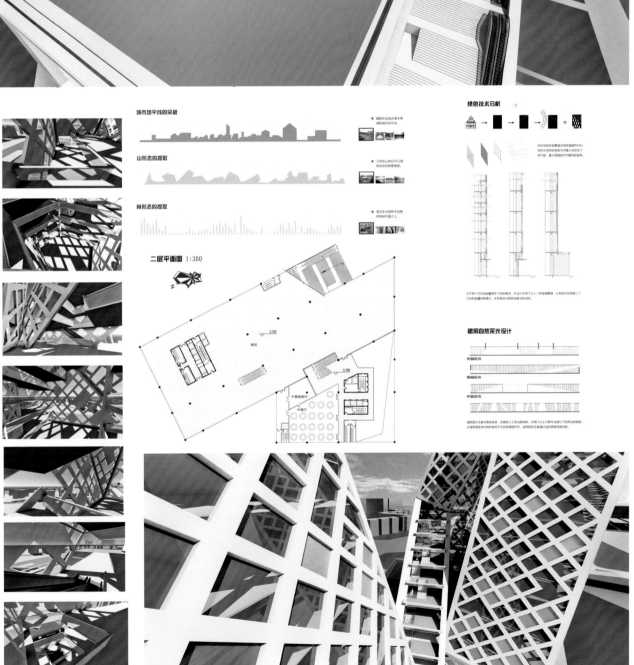

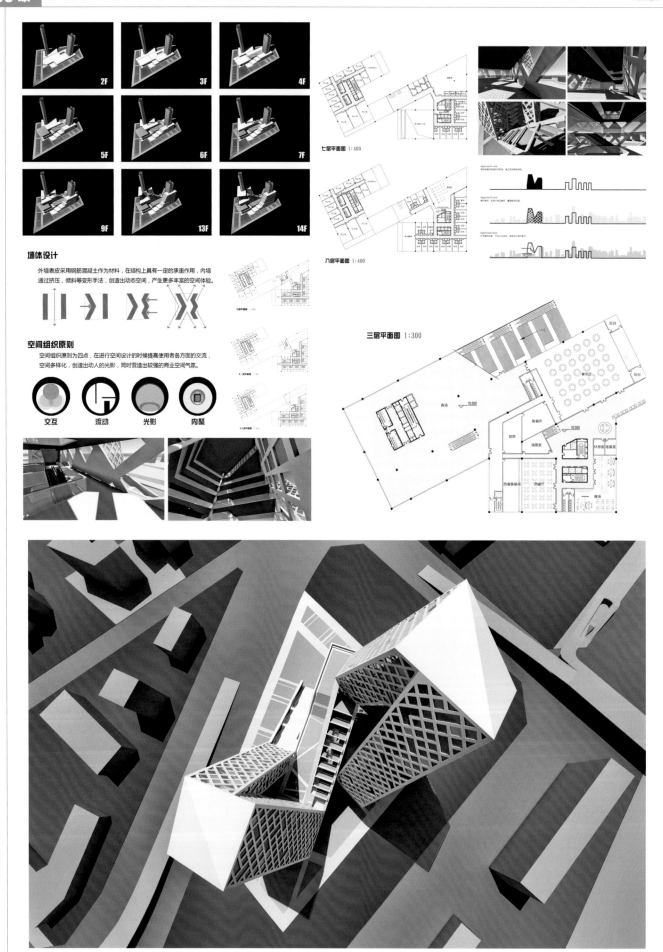

2F
3F
4F

5F
6F
7F

9F
13F
14F

墙体设计

外墙表皮采用钢筋混凝土作为材料，在结构上具有一定的承重作用，内墙通过挤压、倾斜等变形手法，创造出动态空间，产生更多丰富的空间体验。

空间组织原则

空间组织原则为四点，在进行空间设计的时候提高使用者各方面的交流，空间多样化，创造出动人的光影，同时营造出较强的商业空间气氛。

交互　流动　光影　内聚

七层平面图 1:400

六层平面图 1:400

三层平面图 1:300

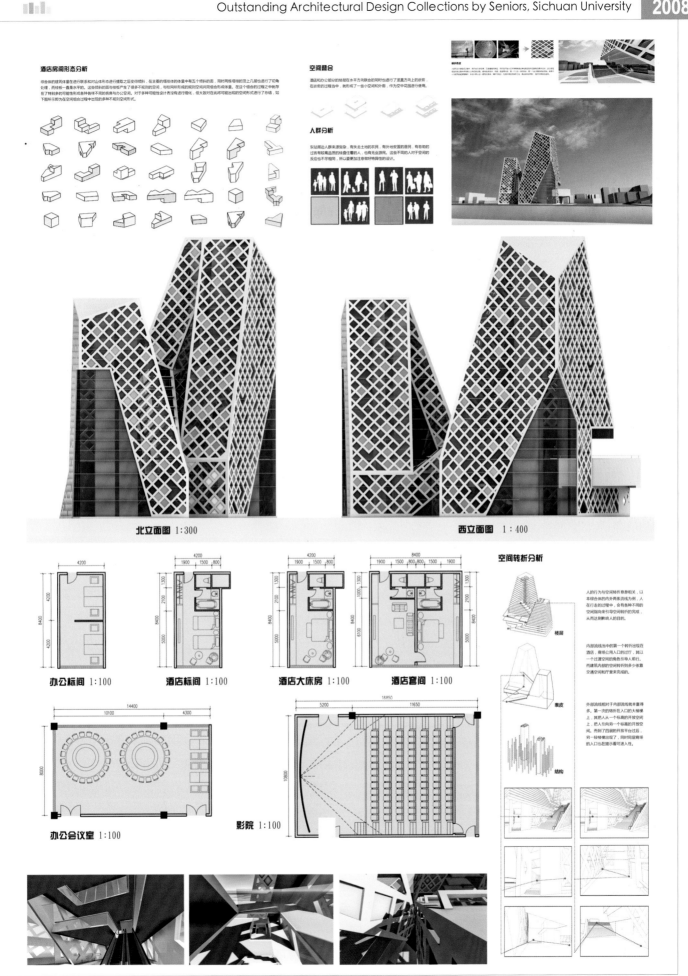

酒店房间形态分析

综合体的楼梯体量在进行联系和对山体形态进行模取之后变得锋利。在主要的塔楼体体量中有五个倾斜的面，同时两栋塔楼体的顶上几层也进行了切角处理。将楼板一直是水平的。这些倾斜的面与楼板产生了很多不规则的空间，与柱网形成的规则空间共同组合成形成体量。在这个组合起过程之中将楼体在了特别多的可能性形成各种各种的客房与办公空间。对于多种可能性设计者没有去细化，但大致对在此场可能出现的空间形式进行了总结。如下图所示即为空间组合过程中出现的多种不规则空间形式。

空间耦合

酒店的办公部分的楼层在水平方向联合的同时进行了置换方向上的嵌套。在嵌套的过程中就形成了一些小空间的内部，作为空中花园进行使用。

人群分析

东站周边人群来源复杂，有失去土地的农民，有外地安置的居民，有勤劳和的过客有较高品质的住客住着的人，也有无业游民。这些不同的人对空间的反应也不尽相同，所以要更加注意做好特异性的设计。

北立面图 1:300

西立面图 1:400

办公标间 1:100

酒店标间 1:100

酒店大床房 1:100

酒店套间 1:100

空间转折分析

人的行为与空间转折息息相关，以本综合体的外部两条流线为例，人在行走的过程中，会有各种不同的空间国象会引导空间转折的完成，从而达到影响响人的目的。

内部流线当中的第一个转折出现在酒店，商休公用入口的大厅，其以一个过渡空间的角色引导人前行。而建筑内部的空间转折也多依靠交通空间和厅堂来完成的。

外部流线相对于内部流线就就率富得多，第一次的转折在入口的大楼梯上，其把人从一个标高的开放空间上，把人引向另一个标高的开放空间，而到了四栋的开放平台过后，另一段楼梯出现了，同时把屋前场的入口也在提示着可进入性。

办公会议室 1:100

影院 1:100

高层建筑设计中的非线性思维探究

——成都东站片区某高层综合体设计

姓　　名：朱单靖
指导老师：陈岚、曾斌

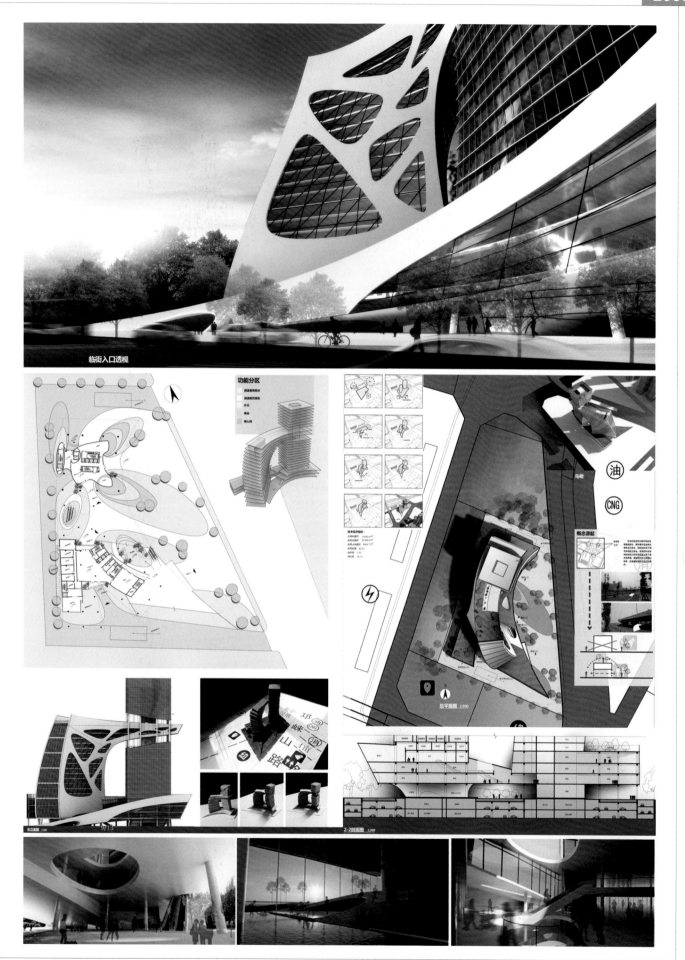

临街入口透视

功能分区

总平面图 1:500

2-2剖面图 1:300

平面生成过程

用泰森多边形对梯形基地进行划分　　用黄金比例对基地进行二次划分　　用斐波那契数列形成参考建筑轴线

$$AE = \frac{1}{2}AD$$
$$EF = EB$$
$$AH : AB = \frac{\sqrt{5}-1}{2} : 1$$

体量生成过程

标准塔楼　　顶部收分　　体块削减　　对截面作曲化处理　　对截面作扭转处理

区位图

"流·转"

姓　　名：踪宁
指导老师：陈岚、曾斌

交通流线分析　　视线分析图　　风量分析图

酒店入口透视

场地分析

交通分析

消防分析

技术经济指标

酒店楼层叠合示意　　酒店共享空间示意

功能分区图

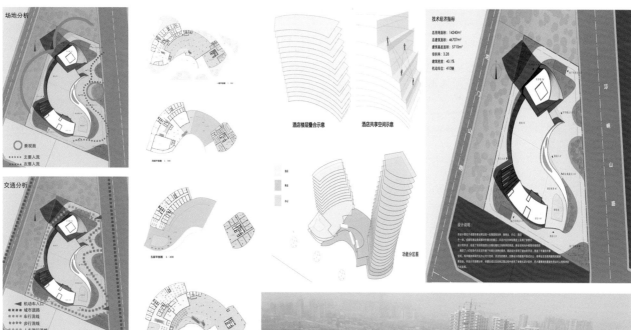

基于空间关联性的多功能组织探讨

——成都东站综合体设计

姓　　名：王儒轩

指导老师：陈岚、曾斌

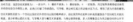

分析方法：该建筑功能要素增加，在一定方向上，贯穿不同级别。解决建筑要素增加组合后的分布均衡位置及功能需求上，在满足功能上对该的性能，可考虑，要清晰反映该的功能需求。

分析功能要素分别作为一个空间功能区块的合理组织解决方法。满足部分功能合适性的合理运用并导向功能需求。

场地分析：此块基地最大特点是周边有密集的铁道网络和高架桥，形成了动感十足的但又极为内向的场地。因此设计时我考虑以通畅的动线和高敞空间引导人们进入商场。

周边环境有高居小区，小学，和消防局，另外不远处的成都东客站和其附属的密集铁道网形成即生活气息浓郁，又有现代城市的动感。

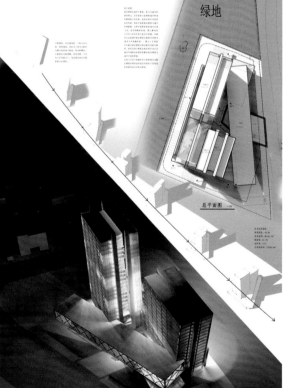

绿地

总平面图

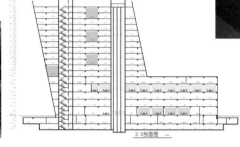

2-2剖面图

场地分析

本项目基地位于成都东站旁临邛崃山路处，地块南侧为成都东站，来往人流量巨大且外地人流量多，适宜酒店设于附近。

地块四周建设最大的是住宅，除了西侧的铁路外几乎三个方向都有高密度的住宅，并且现在看来有越来越多的趋势，因为如何能更好地将人流引入，适应这样的趋势是一个问题。

问题提出

高层综合体有机结合了多种不同的功能空间，开放空间本身具有的综合性和开放性不仅可以成为组织空间和功能的核心和纽带，同时也能赋予空间和建筑更多的涵义。

因此，在组织好多样化的功能的同时创造满足人精神需求的空间成为高层综合体的设计要点。

现有研究大多围绕特定部位的开放空间设计，很少有关注到高层建筑中各开放空间之间关系的组织和整体构成。

开放空间的有机构成和协同作用能更好地塑造高层整体空间的艺术魅力，激活高层建筑中的空间。

主透视

高层综合体开放空间系统的建构
——成都东站片区某高层综合体设计

姓　名：王逸今
指导老师：陈岚、曾斌

办公

酒店客房

功能分区

商业

酒店餐饮

办公

核心筒

酒店

核心筒

地下

酒店康乐

交通分析

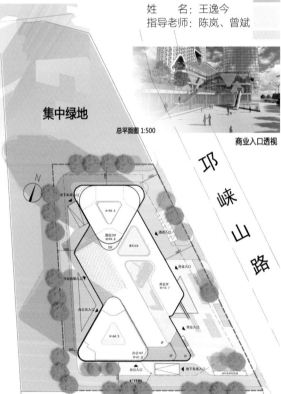

集中绿地

总平面图 1:500

商业入口透视

邛崃山路

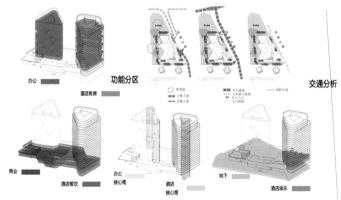

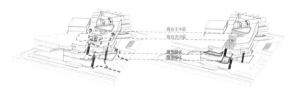

顾客流线

位于顾客流线上的开放空间

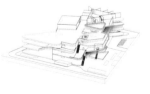

立面上的两次悬挑

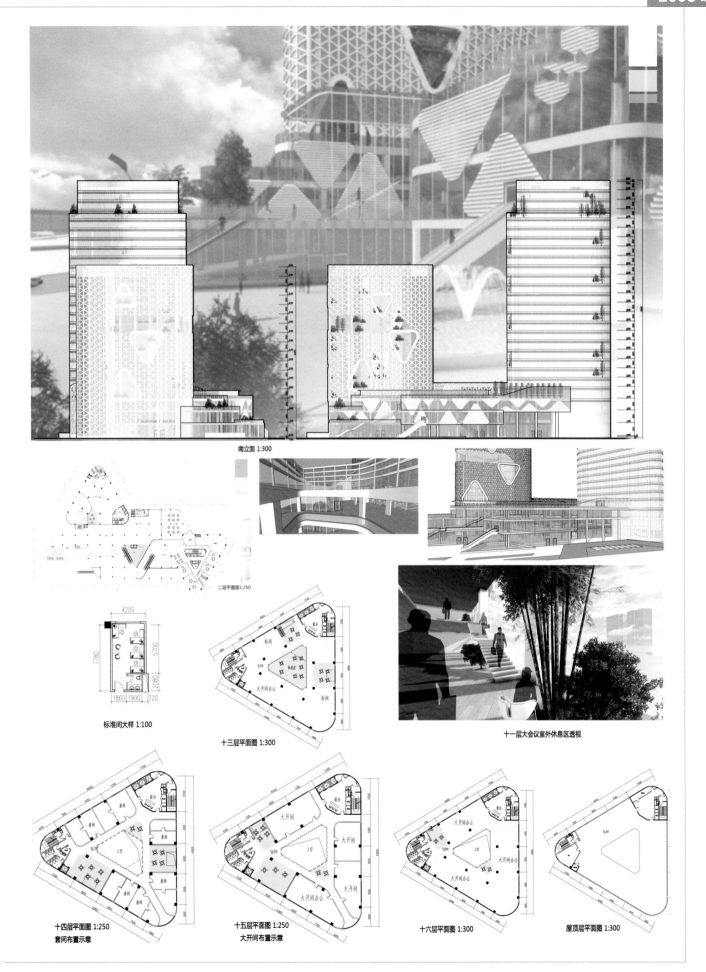

南立面 1:300

二层平面图 1:250

标准间大样 1:100

十三层平面图 1:300

十一层大会议室外休息区透视

十四层平面图 1:250
套间布置示意

十五层平面图 1:250
大开间布置示意

十六层平面图 1:300

屋顶层平面图 1:300

界面空间与行为呈现
——成都市文化中心建筑方案设计

姓　　名：刘刚
指导老师：林武国

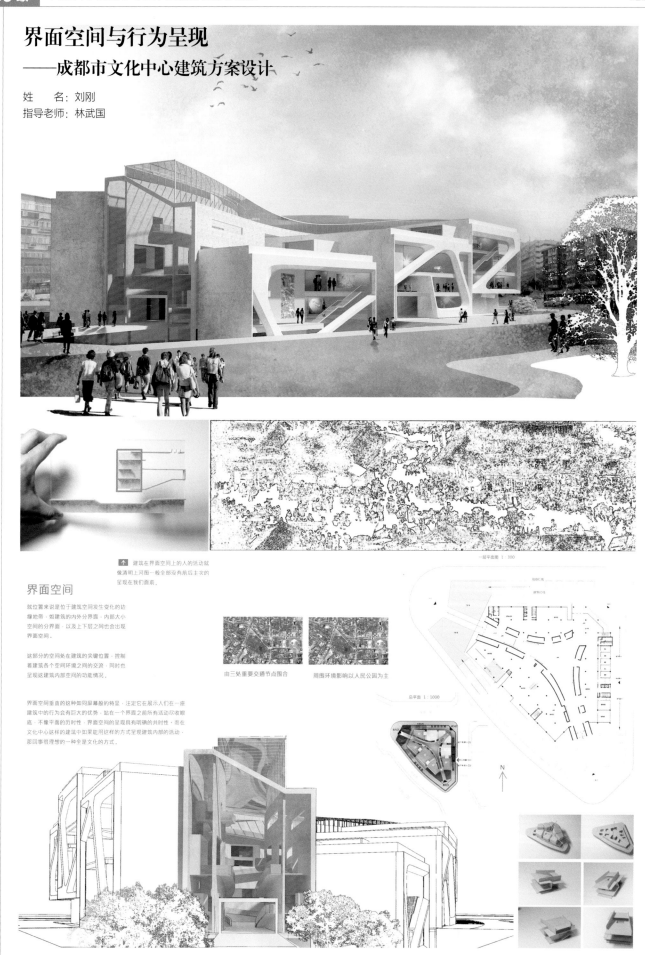

建筑在界面空间上的人的活动就像清明上河图一般全部没有前后主次的呈现在我们面前。

界面空间

就位置来说是位于建筑空间发生变化的边缘地带，如建筑的内外分界面、内部大小空间的分界面、以及上下层之间也会出现界面空间。

这部分的空间处在建筑的关键位置，控制着建筑各个空间环境之间的交流，同时也呈现这建筑内部空间的功能情况。

界面空间垂直的这种如同屏幕般的特点，注定它在展示人们在一座建筑中的行为会有巨大的优势，站在一个界面之前所有活动尽收眼底，不像平面的历时性，界面空间的呈现具有明确的共时性，而在文化中心这样的建筑中如果能用这样的方式呈现建筑内部的活动，那回事很理想的一种全呈文化的方式。

由三处重要交通节点围合

周围环境影响以人民公园为主

一层平面图 1：300

总平面 1：1000

N

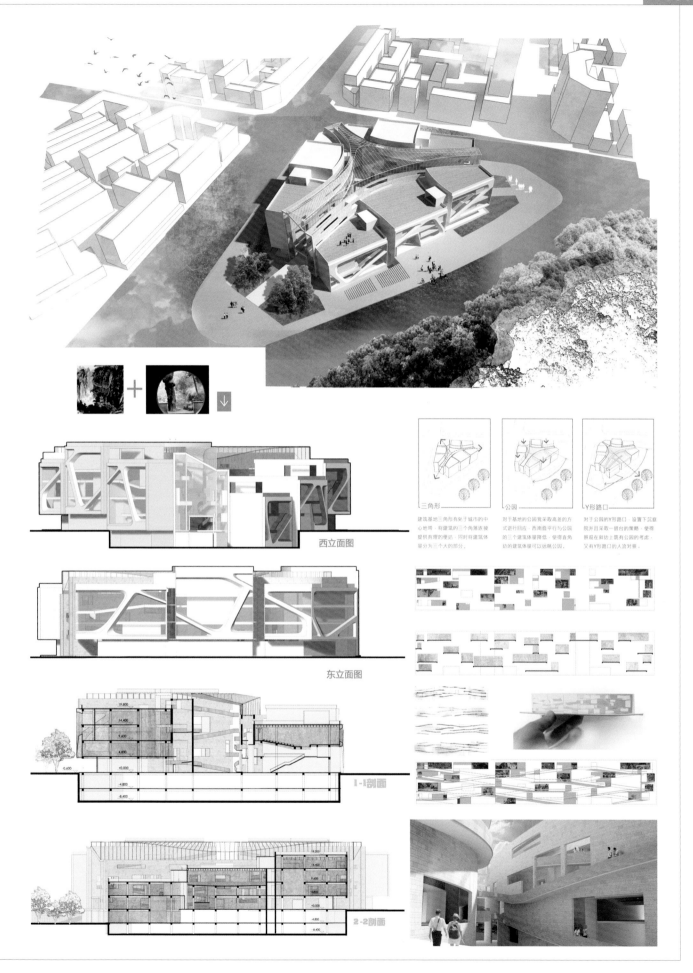

西立面图

东立面图

1-1剖面

2-2剖面

三角形

建筑基地三角形有处于城市的中心地带，将建筑的三个角落连接提供有理的便达，同时将建筑体量分为三个大的部分。

公园

对于基地的公园我采取高差的方式进行回应，西南盘平行与公园的三个建筑体量降低，曾得直角边的建筑体量可以远眺公园。

Y形路口

对于公园的Y形路口，盗置下沉庭院并且采取一题台的策略。曾雷景观在和边上愿有公园的考虑，又有Y形路口的人流对衔。

"巷里院外"：徽派民居的空间构成在酒店设计中的应用
——安徽黄山风景区山地酒店设计

姓　名：杨雨璇
指导老师：李沄璋

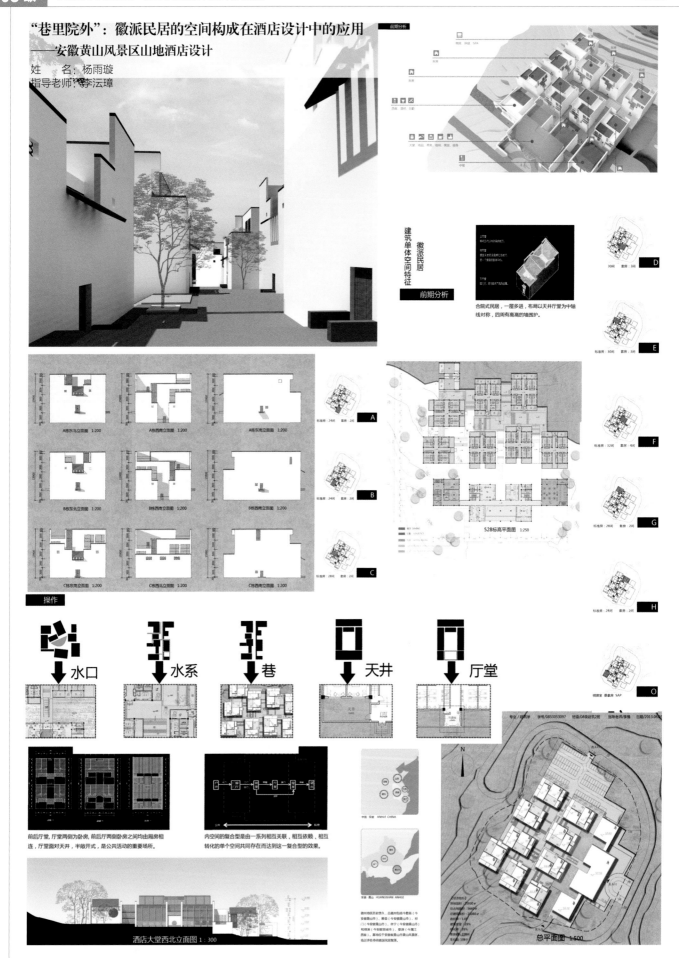

合院式民居，一屋多进，布局以天井厅堂为中轴线对称，四周有高高的墙围护。

建筑单体空间特征

徽派民居

前期分析

操作

水口　水系　巷　天井　厅堂

前后厅堂，厅堂两侧为卧房，前后厅两侧卧房之间均由厢房相连，厅堂面对天井，半敞开式，是公共活动的重要场所。

内空间的复合型是由一系列相互关联、相互依赖、相互转化的单个空间共同存在而达到这一复合型的效果。

528标高平面图 1:250

酒店大堂西北立面图 1:300

总平面图 1:500

巷 里 院 外

东南立面图 1:300

方案分析

西南立面图 1:300

西北立面图 1:300

高层综合体与城市空间的有机融合

姓　名：王远东
指导老师：曾艺君

主入口透视图1

基于高层综合体对城市空间影响机制的几点初步设计

商业内部空间初步设计：提升空间感受，延长购物时间。
内部配套要充足，使顾客在综合体内满足所有需求，使得长时间购物仍然心情愉悦。

重视休息区的设计。这是顾客最需要的。

良好的空间品质感受可缓解顾客购物的烦闷感，提升购物体验。

做高端商业、办公楼设计。提升商业价值。

商业组合形式的初步设计：以商业街的形式出现？以大型商场的形式出现？

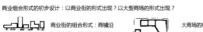

商业街的组合形式：商铺沿街道布置，重视街道空间布置。业态分散。

大商场的组合形式：商场分组成群。建立赋予个性的购物空间。业态集中。

基地位于郊区。整体环境商业氛围不浓厚，而需要在场地内营造。需要集中业态。

做大型集中商业更合适。能够吸引顾客前往。

主要材质的选择

商场内的商业氛围要能辐射周边环境。商业部分采用遮透性的玻璃。

办公楼体量巨大。需使用外部通透性低、内部通透性高的特种玻璃。

整体主要采用玻璃和钢材。

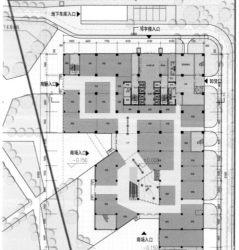

一层平面图 1:300

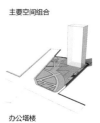

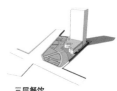

主要空间组合

办公塔楼

一、二层商业

三层餐饮

▷办公楼赏观视野　　开放界面　　顾客流线　　车辆流线

总平面分析图

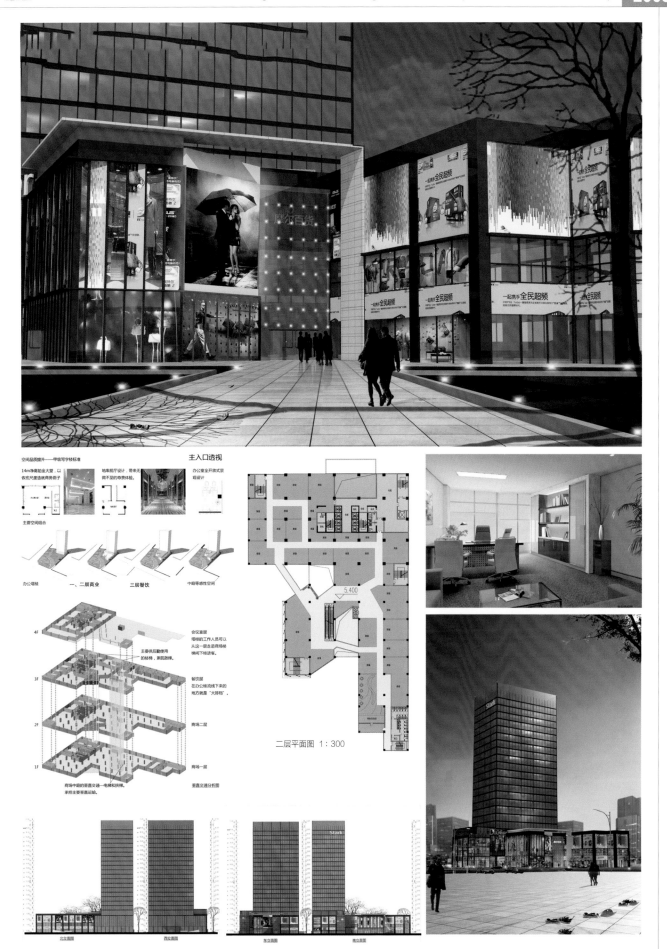

空间品质提升——甲级写字楼标准

14m²净离铂金大堂，以恢宏尺度造就尊贵面子

地库前厅设计，带来无微不至的尊贵体验。

办公室全开放式景观设计

主入口透视

主要空间组合

办公塔楼   一、二层商业   三层餐饮   中庭等感性空间

4F
3F   会议室层
2F   餐饮层
1F

二层平面图 1:300

商场中庭的竖直交通—电梯和扶梯。
承担主要竖直运输。   竖直交通分析图

北立面图   西立面图   东立面图   南立面图

[基地概况]

[文化区位分析]

[设计说明]

姓　　名：陶攀
指导老师：曾艺君

"窗景"：对场所精神的融合与更新——成都市羊西线某高层综合楼方案设计

[体块生成示意]

[各层流线示意图]

[基地现状分析]

[用地周边建筑功能分区示意]

[交通路网分析]

[总平建筑界面分析]

[主要经济技术指标]

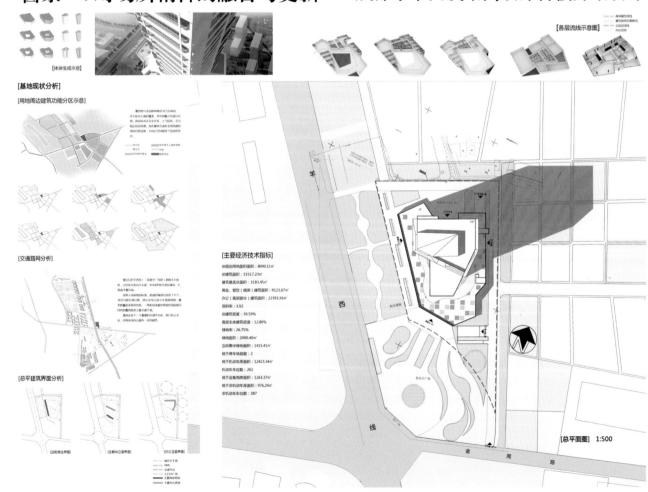

[总平面图] 1:500

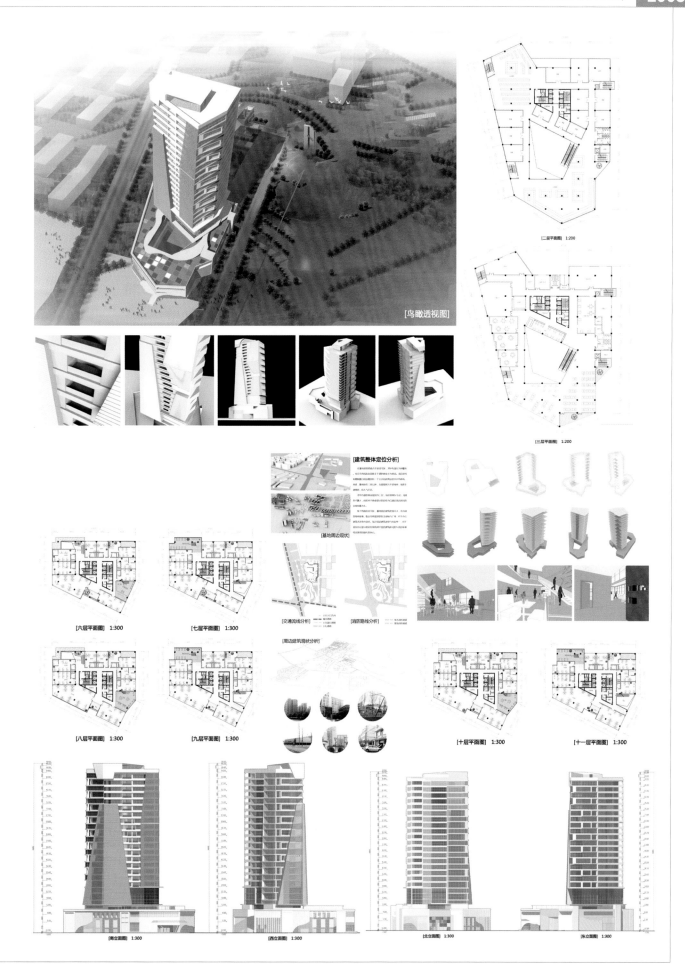

[鸟瞰透视图]

[二层平面图] 1:200

[三层平面图] 1:200

[建筑整体定位分析]

[基地周边现状]

[交通流线分析]　[消防路线分析]

[周边建筑现状分析]

[六层平面图] 1:300

[七层平面图] 1:300

[八层平面图] 1:300

[九层平面图] 1:300

[十层平面图] 1:300

[十一层平面图] 1:300

[南立面图] 1:300

[西立面图] 1:300

[北立面图] 1:300

[东立面图] 1:300

自由电子的可变性在文教建筑中的应用探索
——四川大学江安校区艺术与科学汇聚中心

姓　　名：李国熊
指导老师：胡昂、魏柯

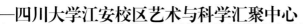

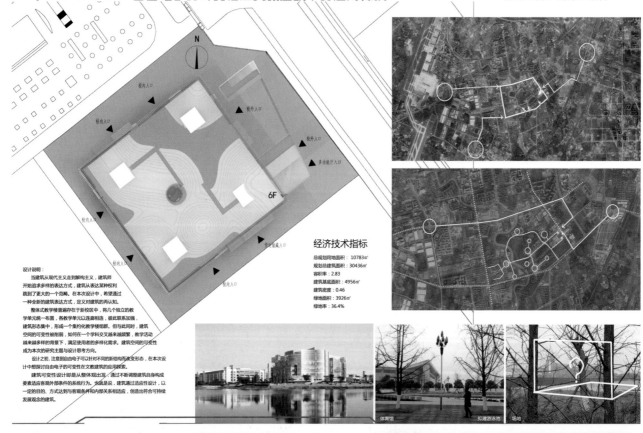

经济技术指标

总规划用地面积：10783㎡
规划总建筑面积：30436㎡
容积率：2.83
建筑基底面积：4956㎡
建筑密度：0.46
绿地面积：3926㎡
绿地率：36.4%

设计说明：
　　当建筑从现代主义走到解构主义，建筑师开始追求多样的表达方式，建筑从表达某种权利跳到了更大的一个范畴。在本次设计中，希望通过一种全新的建筑表达方式，定义对建筑的再认知。
　　整体式教学楼普遍存在于新校区中，将几个独立的教学单元统一布置，各教学单元以连廊相连，彼此此联系加强，建筑形态集中，形成一个集约化教学楼组群。但与此同时，建筑空间的可变性被削弱，如何在一个学科交叉越来越频繁，教学活动越来越多样的背景下，满足使用者的多样化需求。建筑空间的可变性成为本次的研究主题与设计思考方向。
　　设计之初，注意到自由电子可以针对不同的新结构而改变形态，在本次设计中想探讨自由电子的可变性在文教建筑中的应用探索。
　　建筑可变性设计即是从整体观出发，通过不断调整建筑自身构成要素适应客观外部条件的系统行为。也就是说，建筑通过适应性设计，以一定的目的、方式达到与客观条件和内部关系相适应，创造出符合可持续发展观念的建筑。

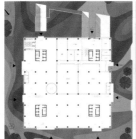

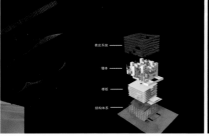

三维空间内人群的聚集算法

程序运行开始：

time：20s 程序开始，产生 1500 个点，用以模拟人群的聚集结果。人群的产生是根据任务
...... 书所确定的人群分布来决定的，面向黄河路的区域主要是对外服务，人群密度
    低，面向景观水道的区域是校内使用人群的主要入口，人群密度高。

time：60s 1500 个点每次以半径为 4m（人的最远社交距离）的球形空间进行运动，每运动
    一次，计算任意两点之间的距离。当两个点的距离小于 1400mm，大于 0 时，将
    其中一个点移动到距另一个点 1400mm 处（人的私密距离最大值和社交距离最小
    值）；当两个点的距离大于 1400mm，小于 4000mm 时，将其中一个点移到距另
    一个点 1400mm 处。满足移动条件的点在移动后就固定，不再参与第二次移动，
    但仍然进行距离判断。

time：120s 1500 个点随机运动一次完成。出现了部分点的聚集情况。第二次运动开始。第二
...... 次有 1384 个点参与了运动，第一次程序固定了 116 个点。
time：240s 第二次运动结束，固定了 107 个点，1277 个点参与第三次运动。
time：4h50s 1500 个点经过 4h 的循环运动，完成点的聚集。

空间处理：

step1 按照柱距（8400mm）来划分空间。
step2 按照层高（6000mm）来划分空间。
step3 计算每个小空间里的人群数量，挑选出集聚度高的空间（即是人群数量多的空间）。

step4 将挑选出来的空间进一步处理，按照人群数量的多少对空间进行缩放。
step5 筛选空间，将不合理的空间进行剔除。
step6 加入分层的条件，进一步推敲空间。将不合理的空间修改和剔除。
step7 将多余的空间挖出，留作采光通道（图示中的绿色部分）。

空间处理结果：

按照融合与创新的行为模式来分，将得到的实空间（人群聚集度高的空间）作为创新空间，将围绕着
创新空间的虚空间作为融合空间。

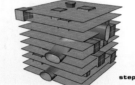

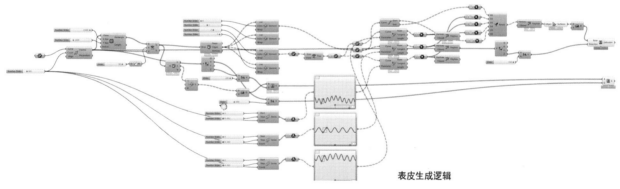

表皮生成逻辑

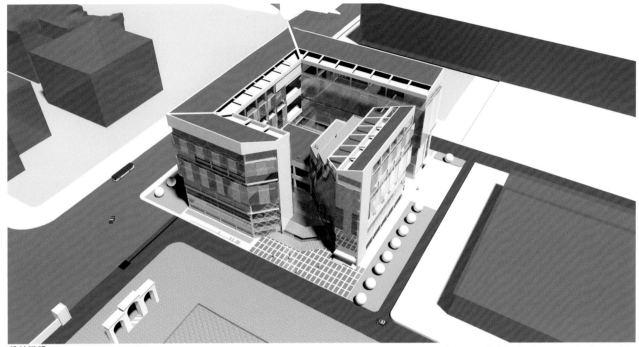

设计说明

本作品按照四川大学多学科交流中心复杂而多变的空间要求，以"促进学科之间的交流"为建筑的核心要求贯穿于整个建筑之中。如何将"交流"和建筑的功能实现融合，是设计的出发点。

最终将不同功能的空间组成一个有机的系统，通过整体和部分的互动关系，以解决设计开始时提出的问题。在系统构建的过程中将两种空间作为构建系统的基本要素：功能空间和灰空间。以这两者的关系作为系统的结构逻辑，使建筑的每一个部分都能够有机地为整体服务，从而产生整体大于部分之和的效果。

复合功能空间的系统建构
——四川大学江安校区艺术与科学汇聚中心设计

姓　　名：王博磊
指导老师：胡昂、魏柯

建筑生成

围合

公共教室

主要人流

抬升

连通

协同工作

开放交流

共享展示

连接

连接

组合

统一

退台

屋顶

阳台

表皮示意

1幕墙和高窗　　2阳台　　3百叶

元素

功能空间　　灰空间

结构

经济指标：

总用地面积：
10783m²

总建筑面积：
29500m²

容积率：
2.74

建筑密度：
37.9%

绿地率：
22.3%

建筑高度：
43.95m

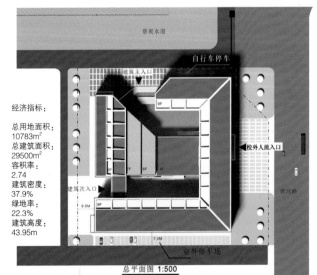

景观水池
自行车停车
建筑主入口
校外人流入口
建筑次入口
室外停车场

总平面图 1:500

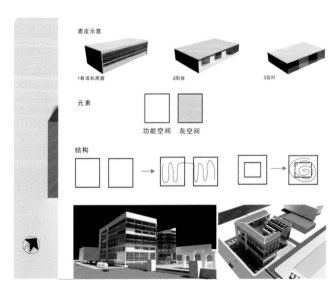

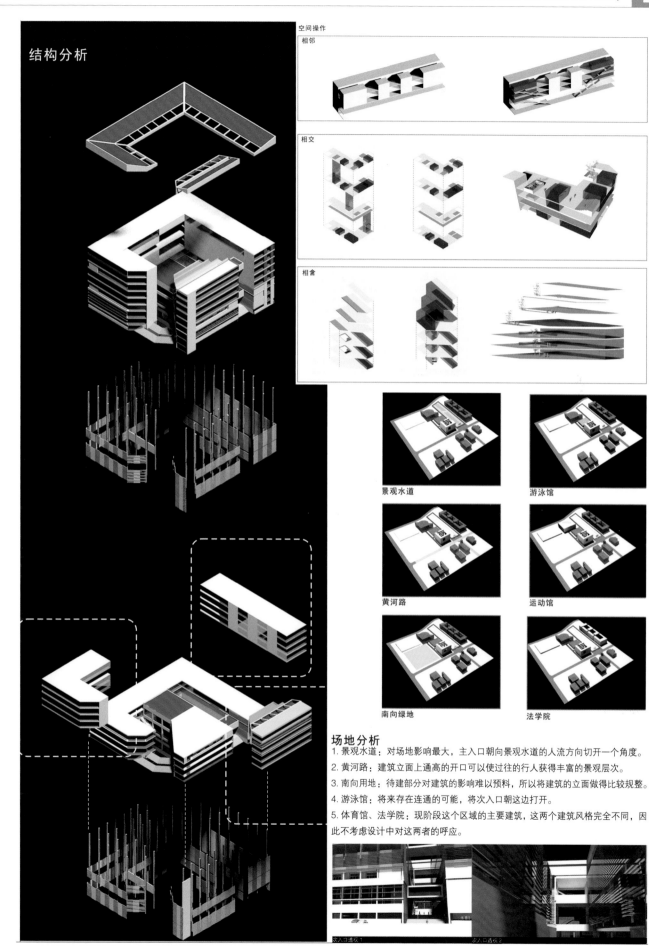

结构分析

空间操作

相邻

相交

相舍

景观水道

游泳馆

黄河路

运动馆

南向绿地

法学院

场地分析

1. 景观水道：对场地影响最大，主入口朝向景观水道的人流方向切开一个角度。

2. 黄河路：建筑立面上通高的开口可以使过往的行人获得丰富的景观层次。

3. 南向用地：待建部分对建筑的影响难以预料，所以将建筑的立面做得比较规整。

4. 游泳馆：将来存在连通的可能，将次入口朝这边打开。

5. 体育馆、法学院：现阶段这个区域的主要建筑，这两个建筑风格完全不同，因此不考虑设计中对这两者的呼应。

次入口透视1　　　　　　次入口透视2

基于建构主义的文教建筑空间设计
——四川大学江安校区艺术与科学汇聚中心设计

姓　　名：王毅伟
指导老师：胡昂、魏柯

西南向鸟瞰

主入口透视

设计构思

随着时代科学技术的发展，传统的认知方式已然不能够满足当今人们对知识、创造、学习、交流的强烈需求。又尤其是多媒体网络技术的快速发展，广泛普及，使得最早原有的学习理论、方式设计建造出来的建筑在应对社会需求时也显得越发的捉襟见肘。在这样的时代背景下，建构主义认识论应运而生，成为随行为主义发展到认知主义之后的又一次认识论上的进步。然而正如在与其他学科比拟研究表现出来的一样，正当建构主义在现代教育学取得重大成就，推动教育心理学革命的同时，我们窘困建筑设计依然沿袭着传统的教育学习模式下形成的空间，依然跟后于快速发展着的时代与社会所提出的新的要求。因此，本次设计在探讨建构主义指导下的高校文教建筑应对新情况新要求的空间设计方案，亦明确地将建构主义认识论的空间表达，希望通过对"门干对建构主义认识的建筑实体化空间可行性研究"，达成对这一理论的建筑空间向实际转译，以此来创造出满足当今以及未来的人才培养需求的建筑。

建构主义（Constructivism）最早由心理学家皮亚杰于20世纪50年代提出，于1990年前后引入中国后，在教育领域起了一场方兴未艾的创新革命。这里的建构主义不同于建筑学本体论上的建构（Tectonic），而是一个关于教育学、心理学与学习模式的认知，其基本观点是提倡教师引导下的，以学生为中心的"自主学习"和"协作学习"；学习过程强调"元学习"，即学生对学习过程进行自我管理。建构主义把"交流"提高到了一个十分重要的位置，并强调对非良构问题的解决能力的培养；其著名的"头脑风暴"理论、"最近发展区"理论、"终生幼儿园"理论，都把交流、协作、讨论、社会交往作为基本的教学手段，促使学生主动探索，主动发展，有利于创造型人才的培养。建构主义反映在学习空间上，就是以学生为中心，利用"交流空间"和"支持空间"创造知识的建构的平台，其实早在雅典卫城"市民广场"、巴黎"左岸咖啡馆"、伦敦"海德公园辩论角"便可窥建构主义思想之一堪，而针对创新的当今设计教育便是基于这一思想建立起来的，如哈佛、麻省、耶鲁、哈伦比亚等大学的建筑系馆便是佐证。建构主义在国内的研究主要集中在教育学、心理学部分。建筑设计中的交流空间，共享空间等屡显对其有所体现，可是仍没有专门针对这一理论的建筑设计探讨。

服务垂直筒

西北侧隐框玻璃幕墙

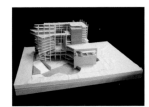

东北侧石材幕墙与点支式玻璃幕墙

空间围护结构

校园东大门入口透视

南向鸟瞰

北向鸟瞰

景观水道

牌坊

校门入口

黄河路

总用地面积	平方米
总建筑面积	平方米
容积率	2.97
建筑密度	23.5%
绿化率	7.3%
建筑高度	90.0 米

★ 总平面图 1:500

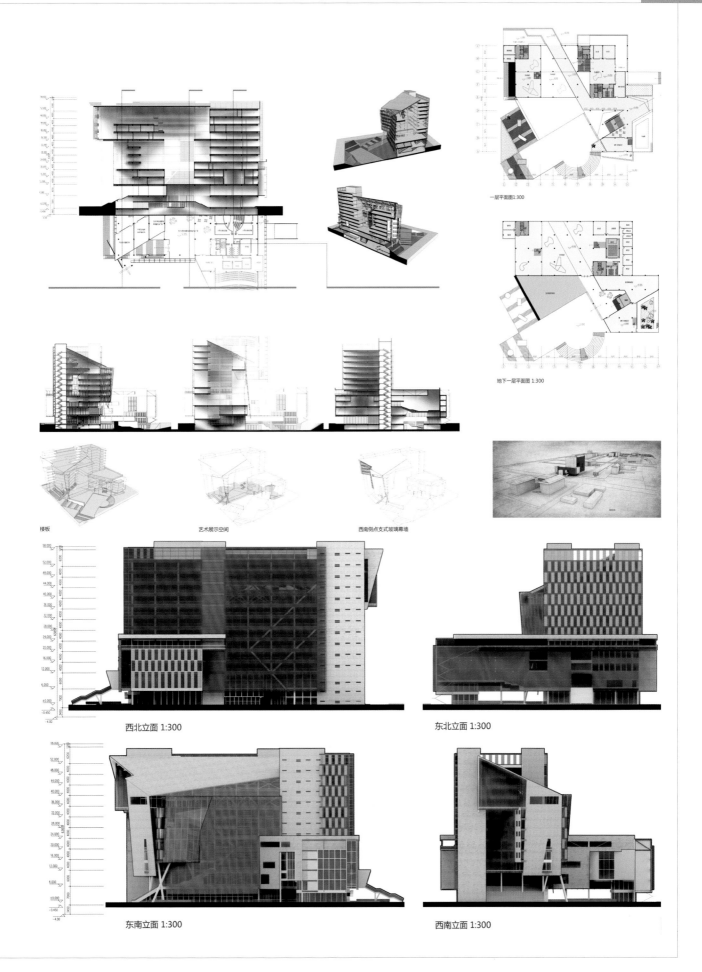

一层平面图1:300

地下一层平面图 1:300

楼板

艺术展示空间

西南侧点支式玻璃幕墙

西北立面 1:300

东北立面 1:300

东南立面 1:300

西南立面 1:300

【区位分析】

海南省·东方市 规划新区 颐养中心用地位置

【用地现状】

项目位于海南省东方市八所镇永安东路南侧,用地周边较空旷,缺乏居住氛围及配套依托。

【经济技术指标】
规划净用地面积:	29703m²
总建筑面积:	20840.3m²
地上建筑面积:	18856.9m²
其中:住宅建筑面积:	10026.1m²
酒店及配套建筑面积:	2995m²
医中护理建筑面积:	1313.8m²
疗养建筑面积:	1054.8m²
其他综合服务建筑面积:	2410.4m²
地下建筑面积:	1985.5m²
	(52辆×35m²/辆)
集中绿地面积:	2570m²
容积率:	0.7
建筑密度:	23.5%
总绿地率:	46.7%
停车位总数	
机动车停车位	73辆
其中:地上	21辆
地下:	52辆

"邻里·院间":基于老年人行为心理特征的居住交往空间设计
——老年颐养中心方案设计

姓 名:徐天虹

指导老师:陈岚、曾斌

【课题研究】

【老年人行为心理特征】

【总平面生成过程分析】

【居住空间模式思考】

【总平面图 1:600】

【车行流线分析】

【急救流线分析】

【步行流线分析】

【一层总平面图 1:400】

【区域A二层总平面图 1:200】

【区域A三层总平面图 1:200】

【A-A剖面图 1:200】

【A-A剖面 剖切透视】

【二层平面图 1:400】

【区域A北立面图 1:150】

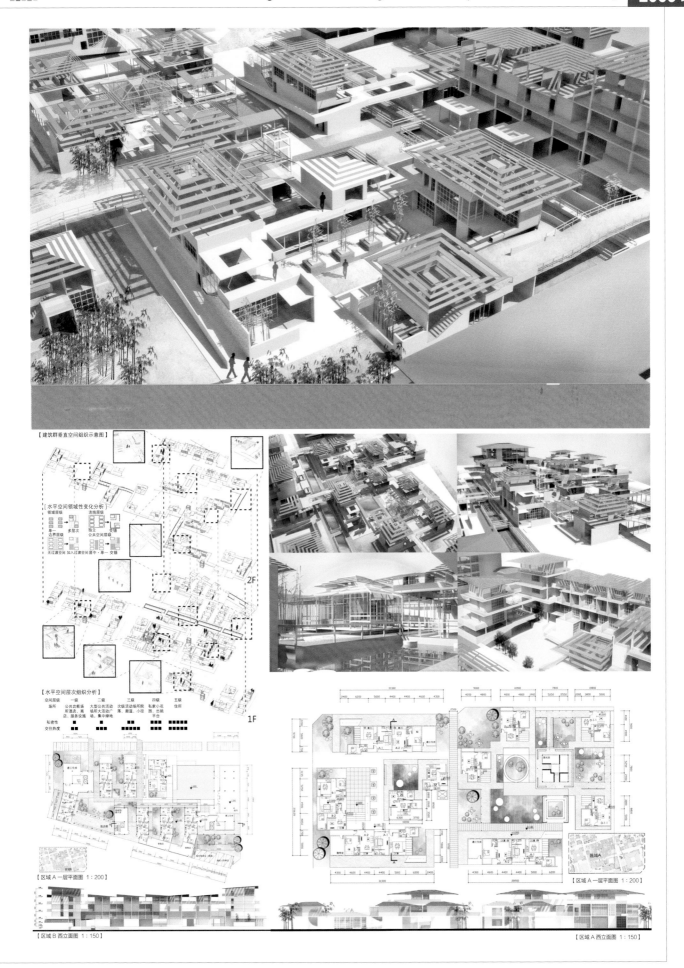

【建筑群垂直空间组织示意图】

[水平空间领域性变化分析]

2F

1F

【水平空间层次组织分析】

【区域A一层平面图 1:200】

【区域A一层平面图 1:200】

【区域B西立面图 1:150】

【区域A西立面图 1:150】

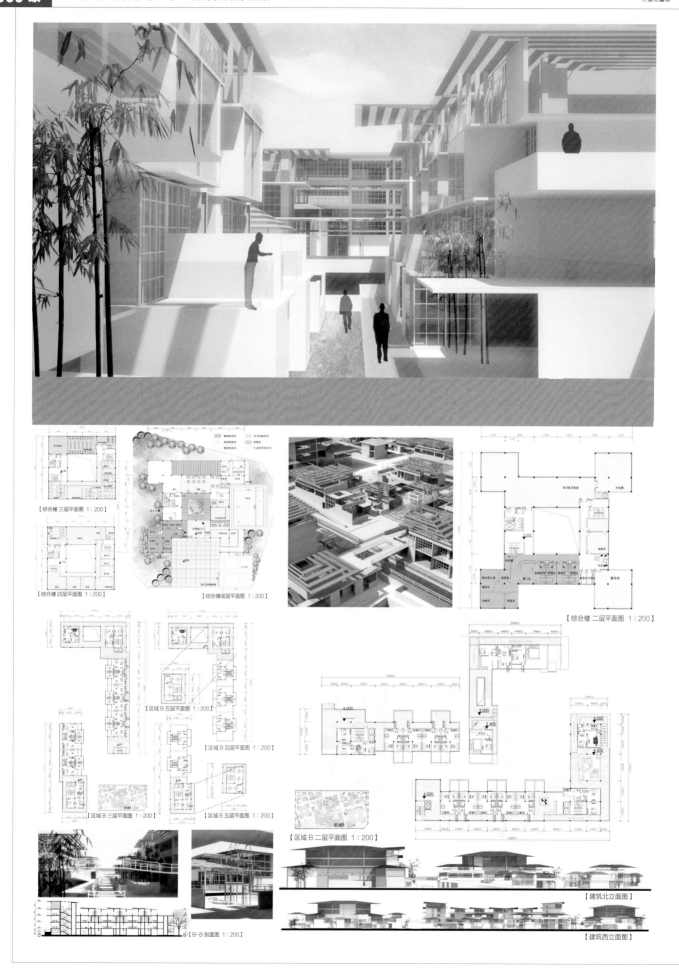

【综合楼 三层平面图 1：200】

【综合楼 四层平面图 1：200】

【综合楼底层平面图 1：200】

【综合楼 二层平面图 1：200】

【区域 B 五层平面图 1：200】

【区域 B 四层平面图 1：200】

【区域 B 三层平面图 1：200】

【区域 B 五层平面图 1：200】

【区域 B 二层平面图 1：200】

【B-B 剖面图 1：200】

【建筑北立面图】

【建筑西立面图】

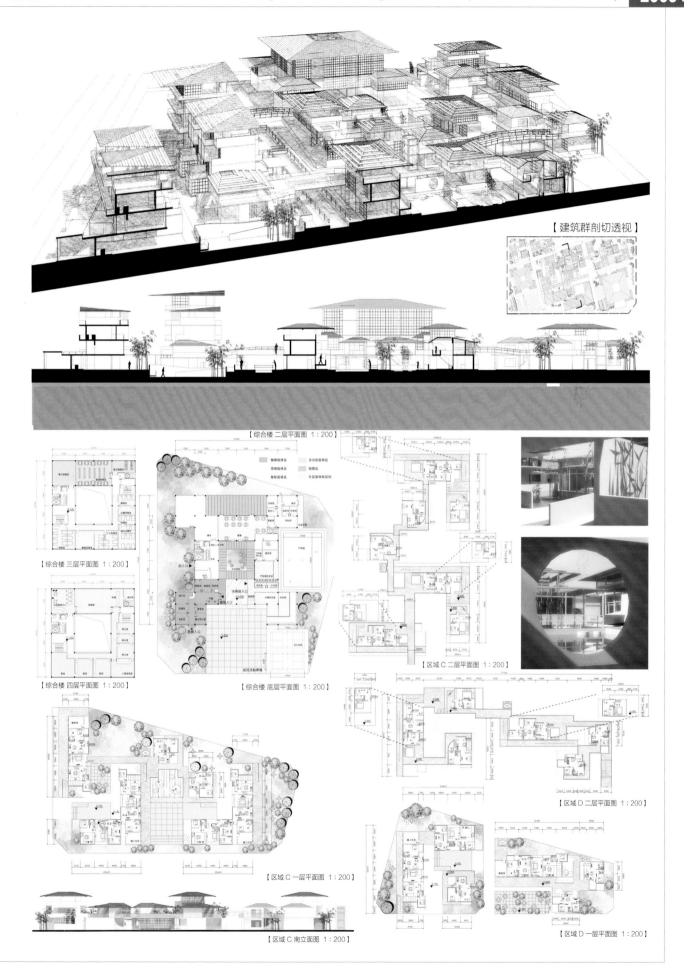

【建筑群剖切透视】

【综合楼 二层平面图 1:200】

【综合楼 三层平面图 1:200】

【综合楼 四层平面图 1:200】

【综合楼 底层平面图 1:200】

【区域 C 二层平面图 1:200】

【区域 D 二层平面图 1:200】

【区域 C 一层平面图 1:200】

【区域 D 一层平面图 1:200】

【区域 C 南立面图 1:200】

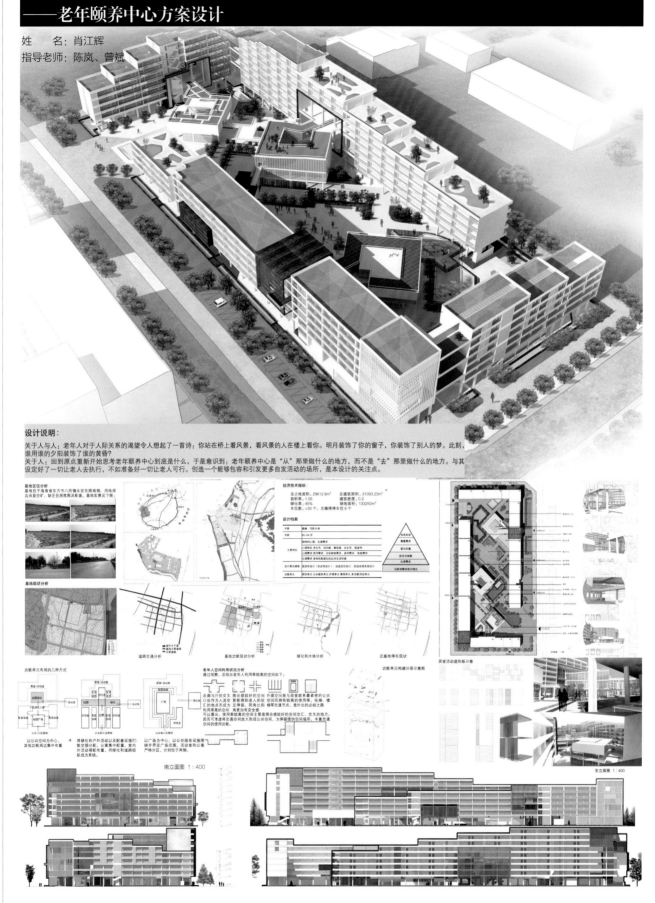

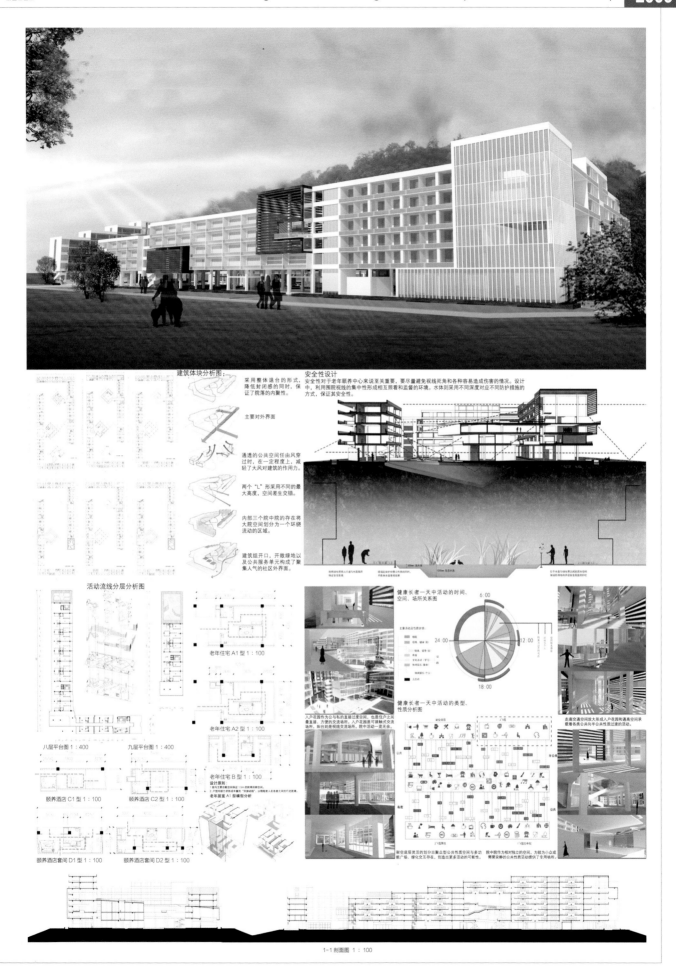

建筑体块分析图：

采用整体退台的形式，降低封闭感的同时，保证了院落的内聚性。

主要对外界面

通透的公共空间任由风穿过时，在一定程度上，减轻了大风对建筑的作用力。

两个"L"形采用不同的最大高度，空间差生交错。

内部三个院中院的存在将大院空间划分为一个环绕流动的区域。

建筑组开口，开敞绿地以及公共服务单元构成了聚集人气的社区外界面。

安全性设计

安全性对于老年颐养中心来说至关重要，要尽量避免视角死角和各种容易造成伤害的情况。设计中，利用围院视线的集中性形成相互照看和监督的环境。水体则采用不同深度对应不同防护措施的方式，保证其安全性。

活动流线分层分析图

八层平台图 1：400　　九层平台图 1：400

老年住宅 A1 型 1：100

老年住宅 A2 型 1：100

老年住宅 B 型 1：100

颐养酒店 C1 型 1：100　　颐养酒店 C2 型 1：100

颐养酒店套间 D1 型 1：100　　颐养酒店套间 D2 型 1：100

老年居室 A1 型模型分析

健康长者一天中活动的时间、空间、场所关系图

6：00
12：00
18：00
24：00

健康长者一天中活动的类型、性质分析图

1-1 剖面图 1：100

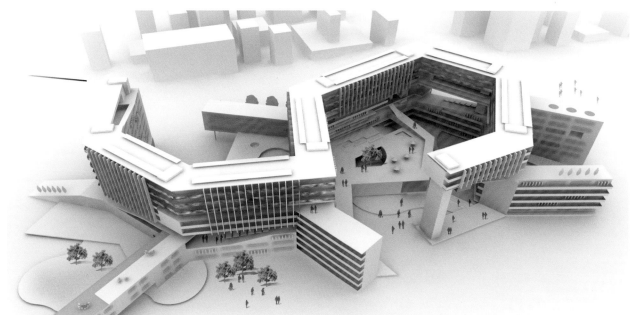

"意趣·生活"：融合环境要素的老年公共活动空间设计研究
——老年颐养中心方案设计　　姓　　名：林宇阳　指导老师：陈岚、曾斌

技术经济指标：
基地面积：25600m²
建筑面积：34500m²
用地面积：4350m²
容积率：1.38
停车位：58

设计说明：　随着全球人口老龄化的发展，老年颐养中心的设计研发已成为当前业界的重要议题及地产行业的新热点。然而，在当前国内老年颐养中心的设计与建设项目中，其相关理论、建设模式及运营管理均呈现出不完善的状态。老年人由于其特殊的生理和心理要求，对居住环境的适老性、社交（交流）体系等有着很高的要求。而室内外公共空间设计中对环境要素的运用对居住环境的舒适性和健康性产生了很大的影响，因此对室内外公共空间设计中自然元素的运用的研究可以更好地改善老年颐养中心的空间品质，提高老人们的生活质量。

用地区位

中国园林意境的提取

一、劳形舒体
古人云：养生之道，莫久行，久坐。
行走和观望等非剧烈运动正是最适宜人体，老少咸宜的户外活动。
二、赏心悦目
廊道参差，亭榭错落，小桥流水人家
山水互映，花木争辉，举目四望凝神
形与线，光与影的运用

行走于园林中，视觉、嗅觉、听觉、触觉皆有感，目为大

因此在这次的疗养院设计中，由于我们的定位是健康的活跃长者，因此提供一个机会让人们可以一边缓慢运动，一边取景，身体的新陈代谢将处于一个合适的范围，（每次户外活动大约消耗80～200kcal之间），呈现身心愉悦的感觉。

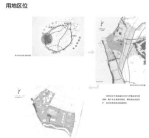

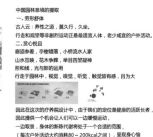

城市总体布局结构

综合分析影响城市用地发展方向的多方面因素，确定东方市城市总体布局结构为"一心、三轴、五带"的滨海带状城市布局结构。

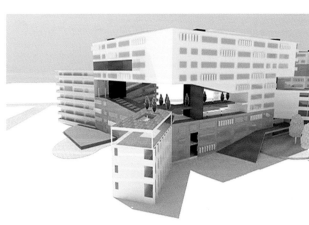

一心　　两片

三轴　　五带

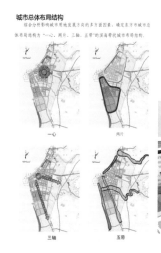

南立面图 1:400　　　　　西立面图 1:400

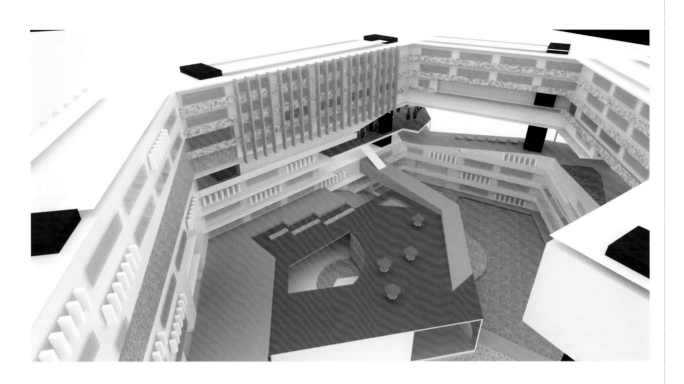

空间体块示意图

环绕空中交往空间展示图

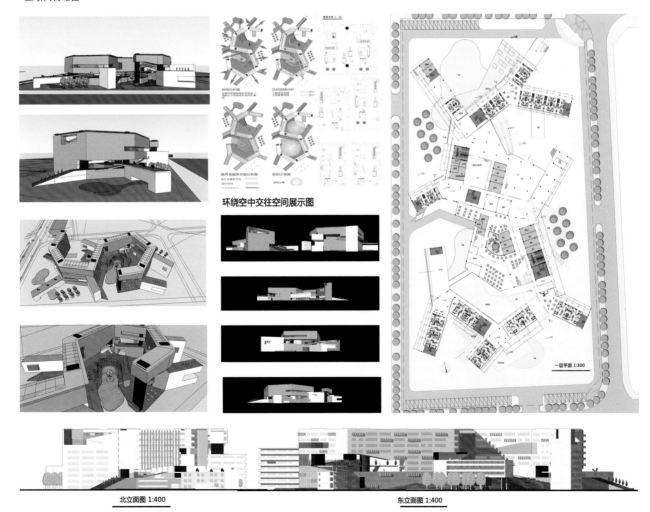

北立面图 1:400

东立面图 1:400

"交流·服务"：植入服务体系的老年社交空间设计
——老年颐养中心方案设计

指导老师：陈岚、曾斌

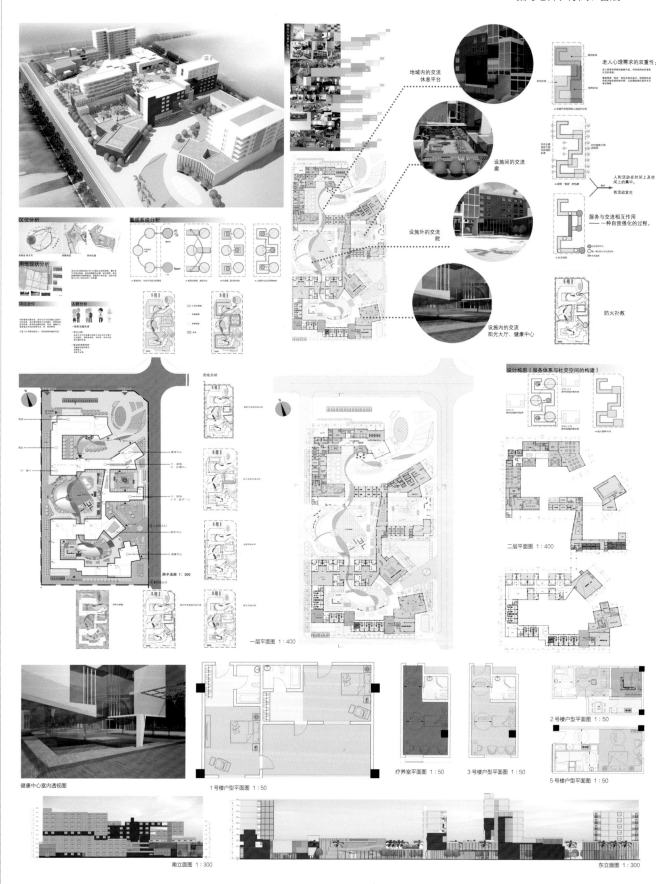

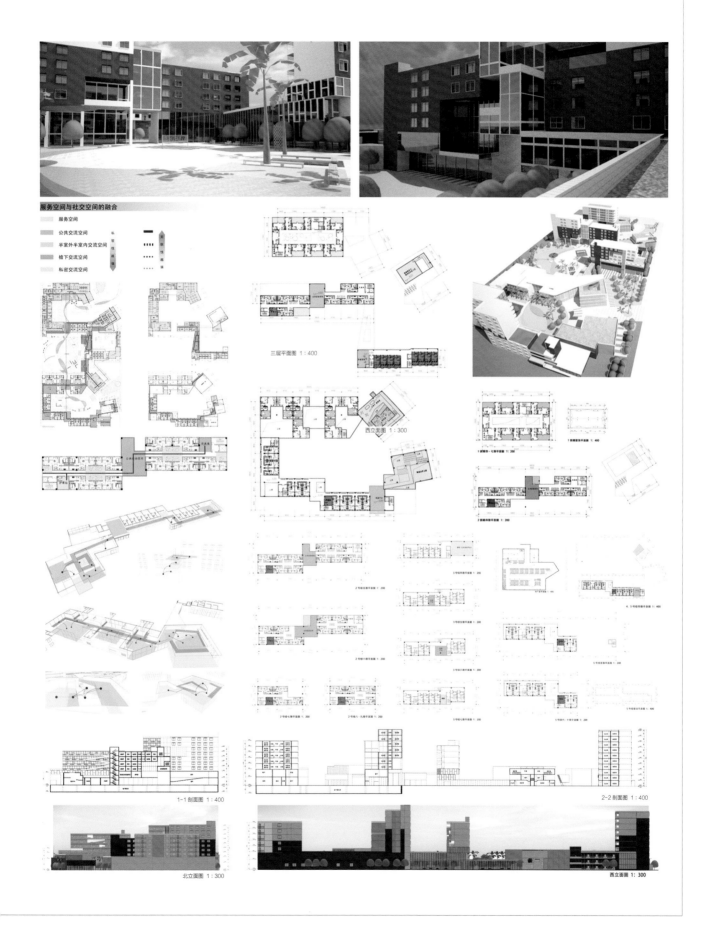

服务空间与社交空间的融合

三层平面图 1：400

西立面图 1：300

1-1 剖面图 1：400

2-2 剖面图 1：400

北立面图 1：300

西立面图 1：300

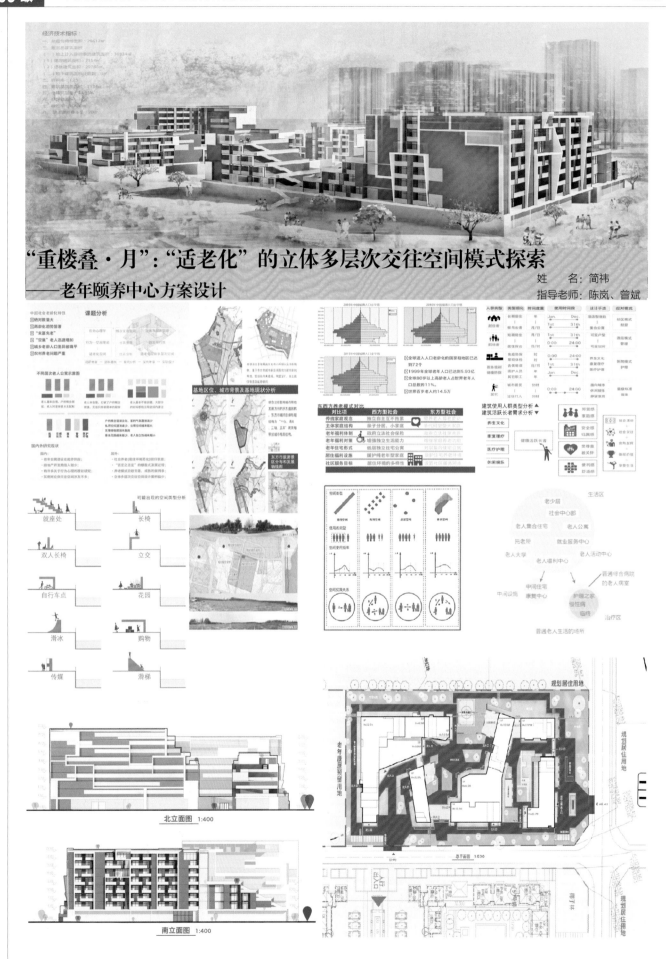

"重楼叠·月"："适老化"的立体多层次交往空间模式探索
——老年颐养中心方案设计

姓　名：简祎
指导老师：陈岚、曾斌

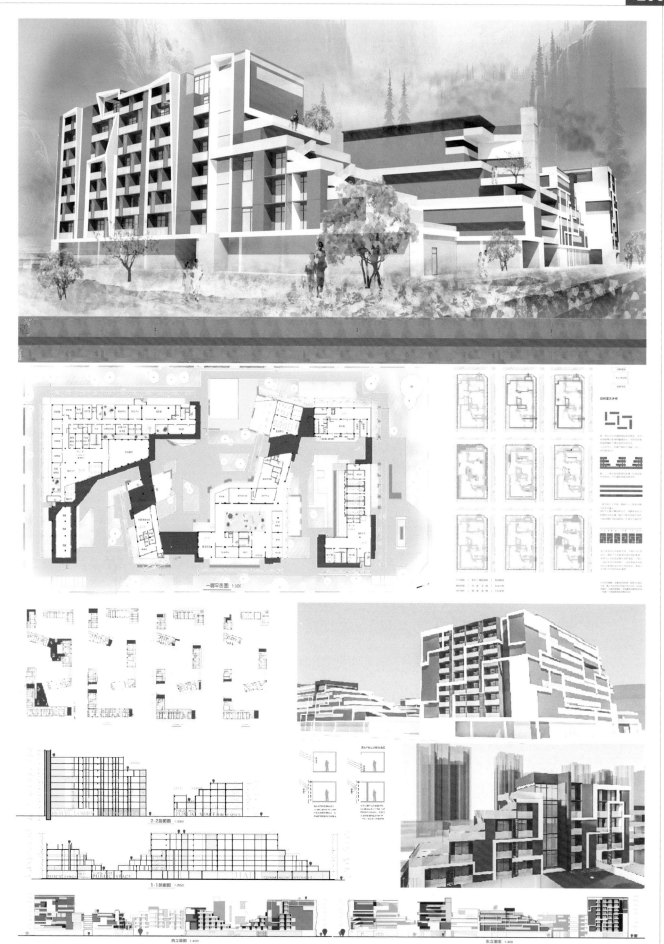

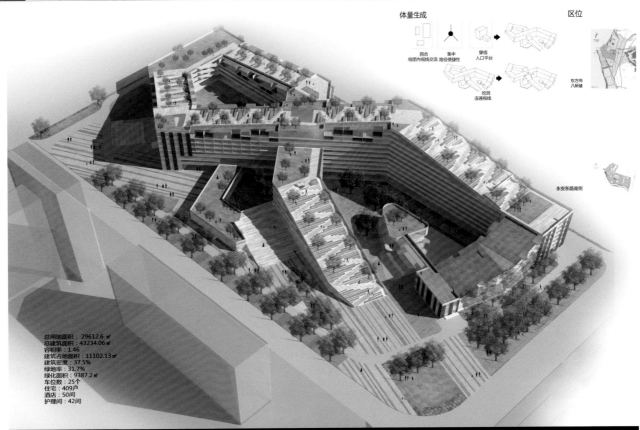

体量生成

区位

围合 穿插
组团内视线交流 路径便捷性 集中 入口平台

东方市 八所镇

挖洞 连通视线

永安东路南侧

总用地面积：29612.6 m²
总建筑面积：43234.06 m²
容积率：1.46
建筑占地面积：11102.13 m²
建筑密度：37.5%
绿地率：31.7%
绿化面积：9387.2 m²
车位数：25个
住宅：409户
酒店：50间
护理间：42间

健康活跃长者的空间路径设计研究——老年颐养中心方案设计

姓　名：江雅婷
指导老师：陈岚、曾斌

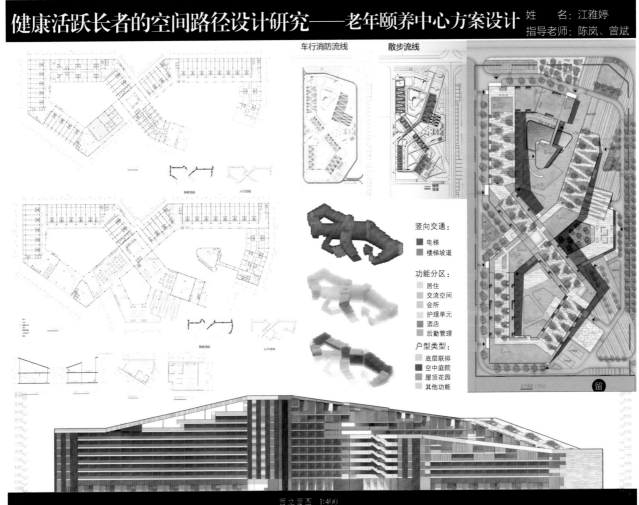

车行消防流线

散步流线

竖向交通：
■ 电梯
■ 楼梯坡道

功能分区：
居住
交流空间
会所
护理单元
酒店
后勤管理

户型类型：
底层联排
空中庭院
屋顶花园
其他功能

西立面图 1:400

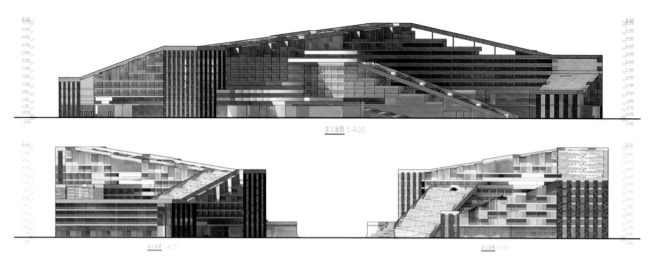

东立面图 1:400

底层日照分析

四层日照分析

七层日照分析

本方案通过分析家、入户门、住宅单元入口、组团内、组团入口、公共空间的行进过程，设计折线的拐角来形成单元入口交往，围合来形成组团内交往，穿插形成组团入口、公共空间的交往，散射布局形成交通的便捷性，通过空间开放程度的不同完成从家到外部空间、从私密到公共的过渡。希望同时达到路径的便捷性及丰富性，以促进健康长者锻炼身体，相互交流，保持健康。

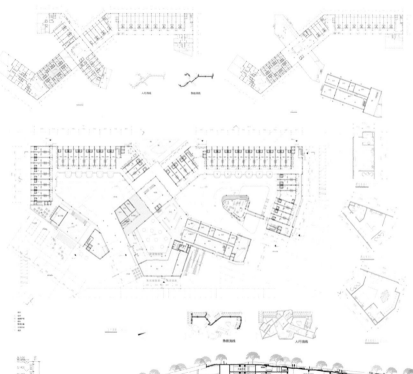

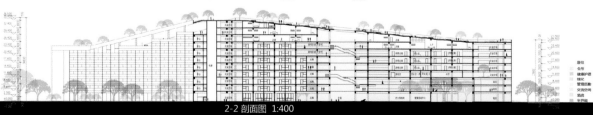

2-2 剖面图 1:400

老年居住空间模式的兼容性设计探究——老年颐养中心方案设计

姓　名：罗米叶
指导老师：陈岚、曾斌

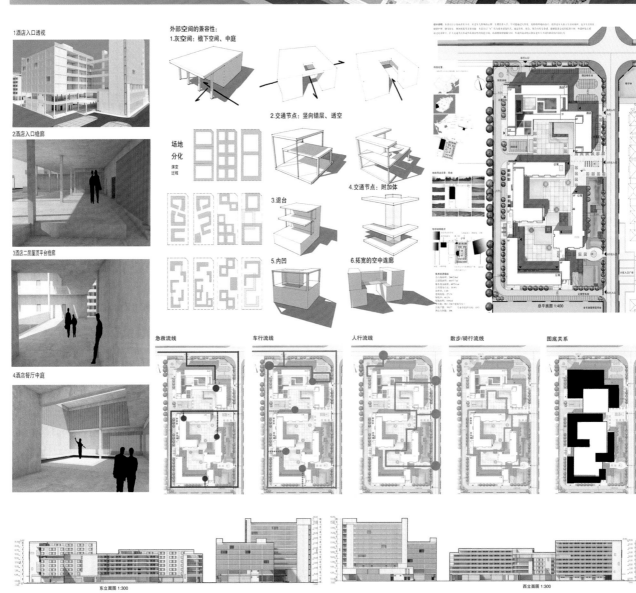

1酒店入口透视

2酒店入口檐廊

3酒店二层屋顶平台檐廊

4酒店餐厅中庭

外部空间的兼容性：
1.灰空间：檐下空间、中庭

场地
分化

2.交通节点：竖向错层、透空

3.退台

4.交通节点：附加体

5.内凹

6.拓宽的空中连廊

总平面图 1:400

急救流线

车行流线

人行流线

散步/骑行流线

图底关系

东立面图 1:300

西立面图 1:300

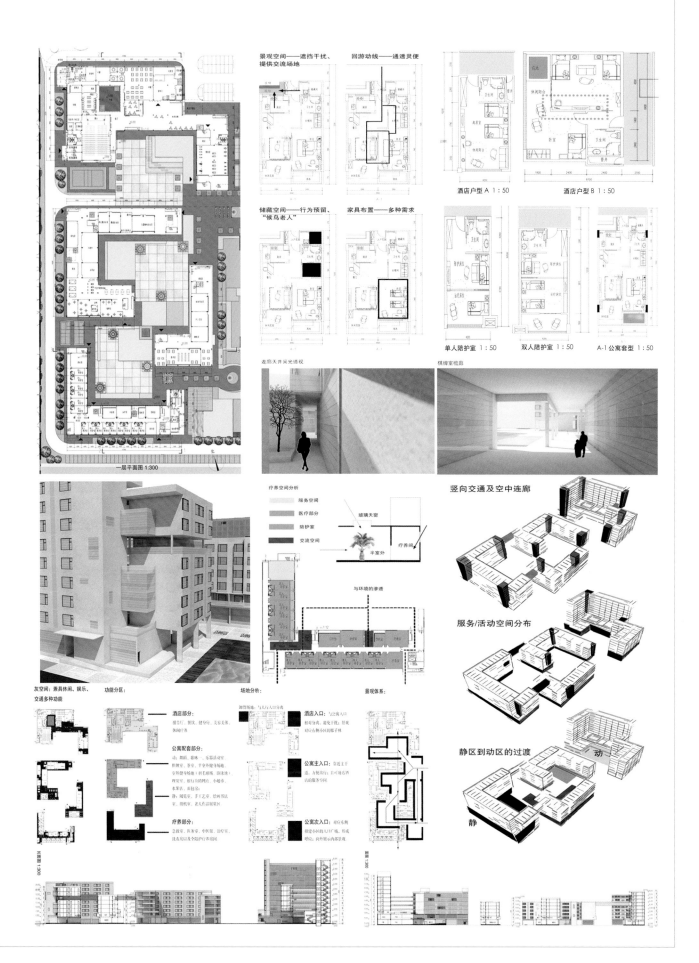

景观空间——遮挡干扰、提供交流场地

回游动线——通透灵便

储藏空间——行为预留、"候鸟老人"

家具布置——多种需求

酒店户型 A 1:50

酒店户型 B 1:50

单人陪护室 1:50

双人陪护室 1:50

A-1公寓套型 1:50

连廊天井采光透视

棋牌室檐廊

一层平面图 1:300

疗养空间分析
服务空间
医疗部分
陪护室
交流空间

玻璃天窗

与环境的渗透

竖向交通及空中连廊

服务/活动空间分布

静区到动区的过渡

动

静

灰空间：兼具休闲、娱乐、交通多种功能

功能分区：

场地分析：

景观体系：

酒店部分：
报告厅、餐饮、健身房、美容美体、医院门诊

公寓配套部分：

公寓部分：

疗养部分：

基于自然气候的豫东地区城市酒店建筑创作的地域性表达
——河南商丘五星级酒店方案设计

姓　名：陈科臻
指导老师：李沄璋

设计说明：

基于河南商丘自然气候，方案做出了地域性表达的尝试，总体采用了河南平原地区传统民居的合院式布局，建筑风格亦如河南民居的凝重、古朴、安详、宁静。建筑空间序列以中心主轴依次排布，建筑主体高度控制为前高后低、中间高两端低。由此强化突出主轴。主轴主要为虚化的共享空间，并配相应的文化主题。

建筑造型要素采用大坡屋顶，但出檐短小、节制。建筑立面利用精美、简洁的线性格栅式元素虚化立面以及反掌悬挑的形式要素拉高重心，突出建筑上部或屋顶的体量感，营造出一种诗意且高贵的氛围。

特色建筑材料选用当地偏黄的灰砖，这种黄色，可联想到孕育中原文化的黄河与这片黄土地。木材均漆暗的深朱色漆或深黑色漆。其他建筑材料也几乎无彩色系。

建筑室内空间多阴翳，如同中国传统建筑多幽暗的空间环境。也符合中国人含蓄、内敛的气质。

景观庭园沿主轴及两侧排布，并辅以次要的景观横轴。场地转角也贡献出一个城市生活广场。

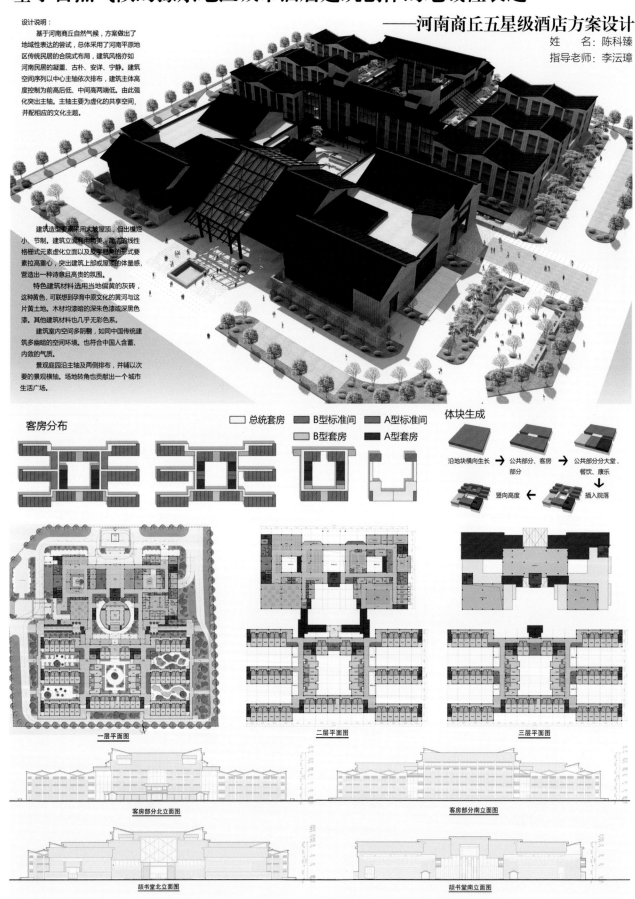

客房分布

总统套房　B型标准间　A型标准间
B型套房　A型套房

体块生成

沿地块横向生长　公共部分、客房部分　公共部分大堂、餐饮、康乐

竖向高度　插入院落

一层平面图　　二层平面图　　三层平面图

客房部分北立面图　　客房部分南立面图

颐书堂北立面图　　颐书堂南立面图

技术经济指标：
规划用地面积：26895.27㎡
总建筑面积：29886.94㎡
1. 地上建筑面积：23185.54㎡
2. 地下建筑面积：6701.40㎡
建筑占地面积：8856.21㎡
建筑密度：32.9%
容积率：1.11
绿化率：36.7%
建筑高度：
1. 北侧公共部分：主体10m，大堂脊高19.15m
2. 南侧客房部分：两端脊高13.7m，中部脊高21.45m
建筑层数：
1. 北侧公共部分：2层
2. 南侧客房部分：两端3层，中部5层
停车位：152个
1. 地面停车位：64个
2. 地下停车位：88个

总平面图 1:500

功能体块分区

图例：
客房
康乐
餐饮
共享大厅
休息区
服务空间
交通核
走道空间

·5F
·4F
·3F
·2F
·1F

A型标准间平面图　　　A型套房平面图

B型标准间平面图　　　B型套房平面图

四层平面图（客房部分）　五层平面图（总统套房）　负一层平面图

道路分析图　景观分析图

1-1剖面图 1:300　　　2-2剖面图 1:300

3-3剖面图 1:300

酒店地域文化主题化设计
——河南商丘五星级酒店方案设计

姓　名: 卢丽洋
指导老师: 李沄璋

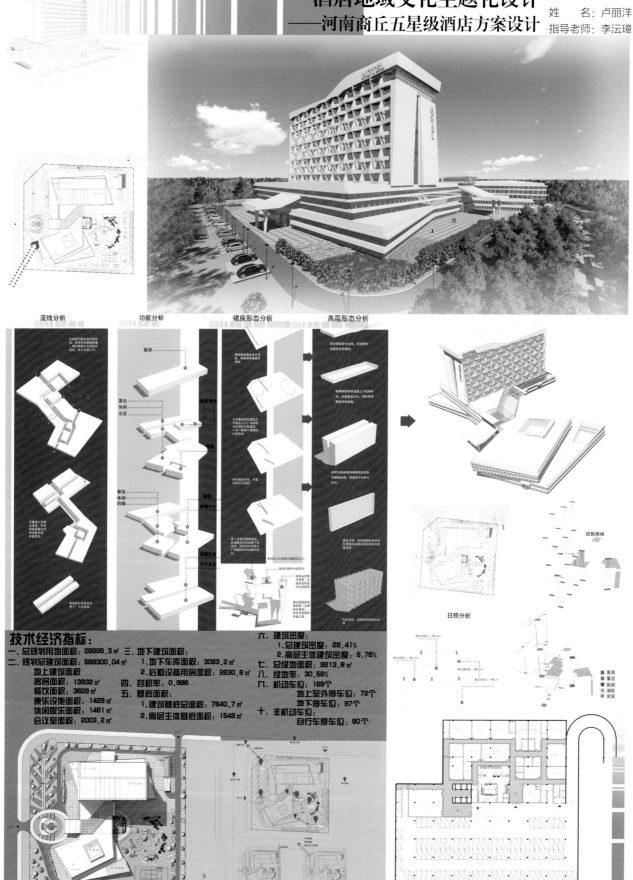

流线分析　　功能分析　　裙房形态分析　　高层形态分析

日照分析

技术经济指标:

一、总规划用地面积: 26895.3 ㎡
二、规划总建筑面积: 589300.04 ㎡
　地上建筑面积
　客房面积: 13932 ㎡
　餐饮面积: 3829 ㎡
　康乐设施面积: 1429 ㎡
　休闲娱乐面积: 1481 ㎡
　会议室面积: 2003.2 ㎡

三、地下建筑面积:
　1.地下车库面积: 3083.2 ㎡
　2.后勤设备用房面积: 2630.8 ㎡
四、容积率: 0.996
五、基底面积:
　1.建筑基底总面积: 7840.7 ㎡
　2.高层主体基底面积: 1548 ㎡

六、建筑密度:
　1.总建筑密度: 28.41%
　2.高层主体建筑密度: 5.76%
七、总绿地面积: 8213.6 ㎡
八、绿地率: 30.58%
九、机动车位: 169个
　地上室外停车位: 72个
　地下停车位: 97个
十、非机动车位:
　自行车停车位: 60个

总平面图 1:500

地下一层平面图 1:300

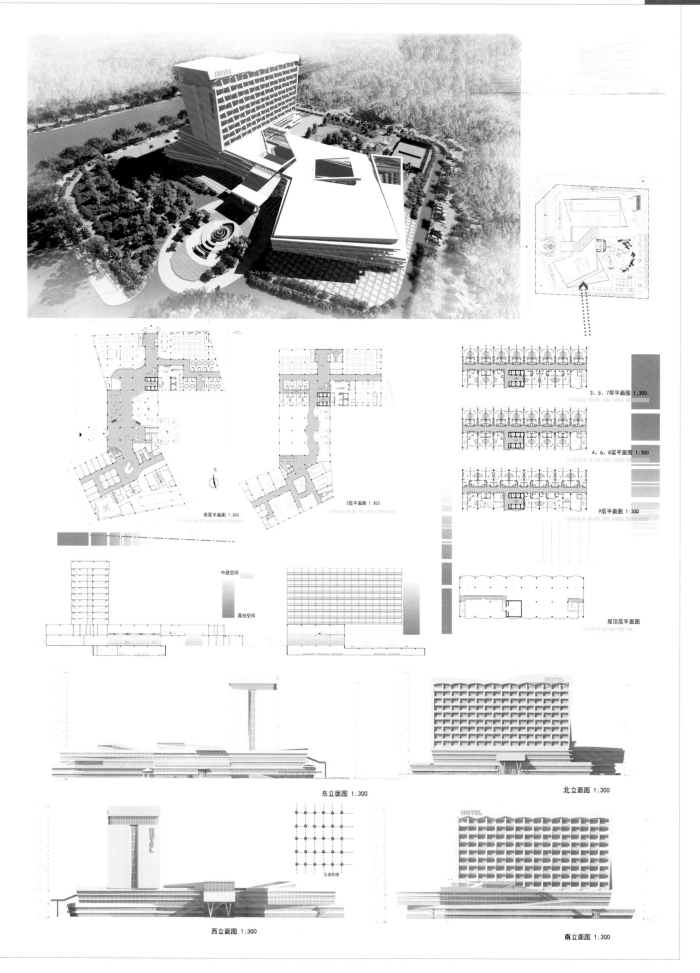

3、5、7层平面图 1:300

4、6、8层平面图 1:300

9层平面图 1:300

底层平面图 1:300

2层平面图 1:300

屋顶层平面图

中庭空间

露台空间

东立面图 1:300

北立面图 1:300

立面肌理

西立面图 1:300

南立面图 1:300

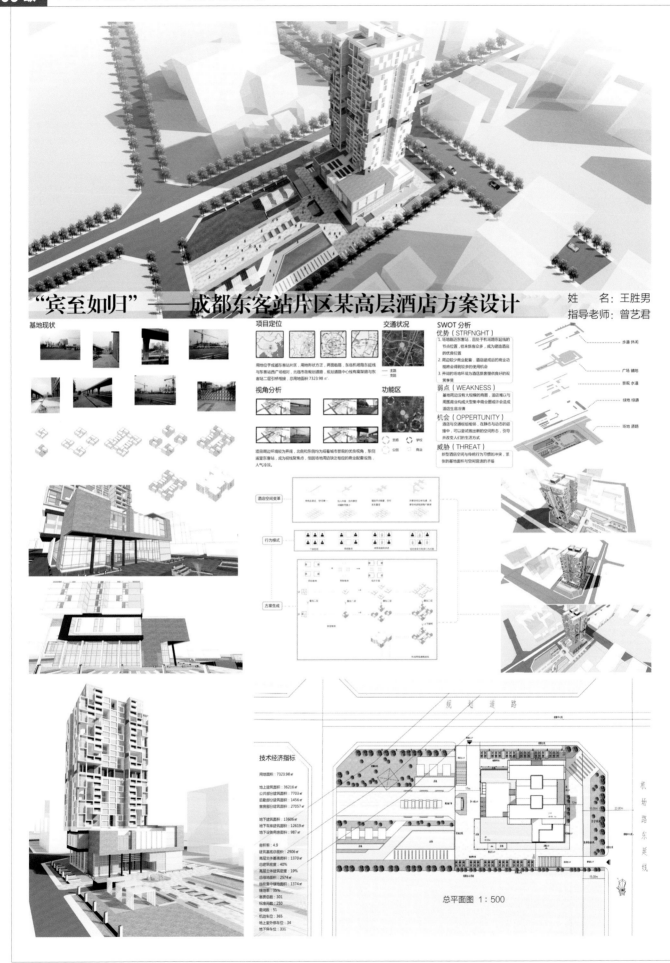

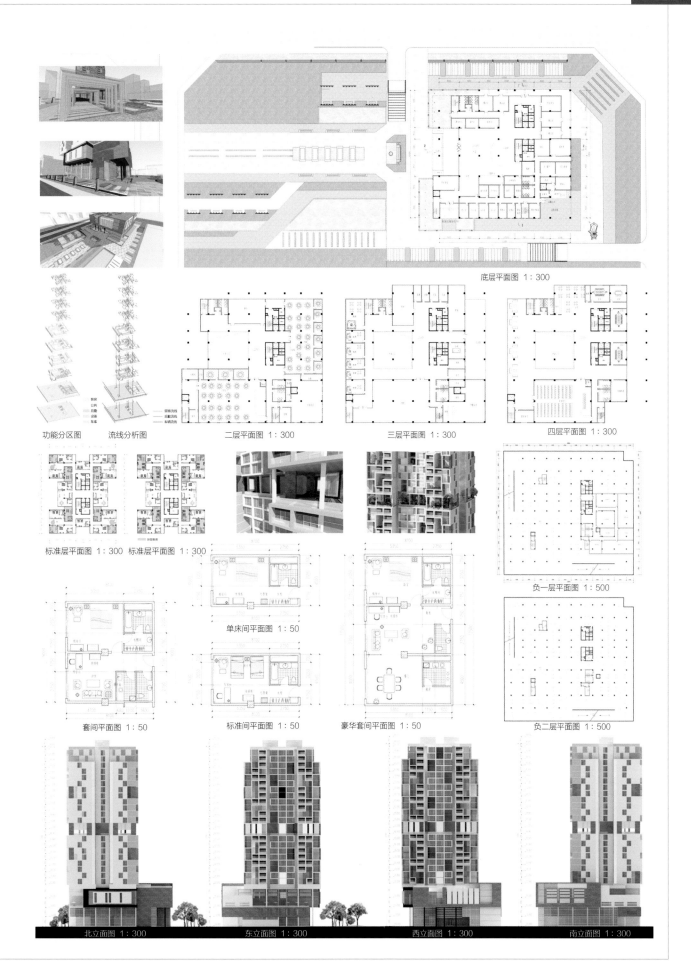

底层平面图 1：300

功能分区图　　流线分析图　　二层平面图 1：300　　三层平面图 1：300　　四层平面图 1：300

标准层平面图 1：300　标准层平面图 1：300

负一层平面图 1：500

单床间平面图 1：50

套间平面图 1：50　　标准间平面图 1：50　　豪华套间平面图 1：50　　负二层平面图 1：500

北立面图 1：300　　东立面图 1：300　　西立面图 1：300　　南立面图 1：300

城市中高层建筑空间的探索

——成都东客站片区某高层酒店方案设计

姓　　名：司丽超
指导老师：曾艺君

设计说明：

　　高层建筑在城市中聚集，是当代城市的典型特点。高层建筑由于其巨大的尺度和体量，对城市街区甚至整个城市的形象产生巨大的影响。不论是独立的或是混入在城市环境中，由于规模大、体量显著，高层建筑的总体布局对区域城市空间会产生较大的影响。另一方面高层建筑也是城市形象的一种表达。高层建筑往往能成为城市文化符号和城市精神的代言。那么就有必要思考高层建筑以其巨大的体量如何与城市进行交融，高层建筑与城市的关系如何组织。须在高层和城市的发展中取得平衡，才能创造出更好的城市景观和适合人们生活的环境。

　　探讨酒店这一高层建筑如何能表达所在区位的城市特点，从城市整体容貌与区域特点入手，定位城市文化符号，引入城市文化也是对城市整体性的考虑；在体量上，裙房与周围环境相适应，高层成为地域性的标志物，以及美化城市天际轮廓线；还要从内外部交流空间等角度进行分析，旨在研究高层建筑与城市空间的交融关系的多种可能性。

　　场地位于成都东客站斜对面，周围有高架桥的城市竖向交和东客站的金沙三星堆的川色文化，提取梯子型折线的形式用于高层的垂直向交通上。

　　这次的设计结构选型为框架核心筒，地上建筑25层，地下两层车库，虽然有贯通的观景平台，但柱网规整，不影响建筑的稳定性。

技术经济指标

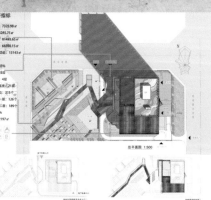

形体概念生成

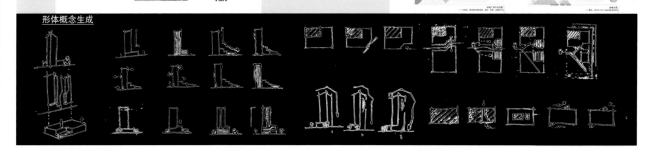

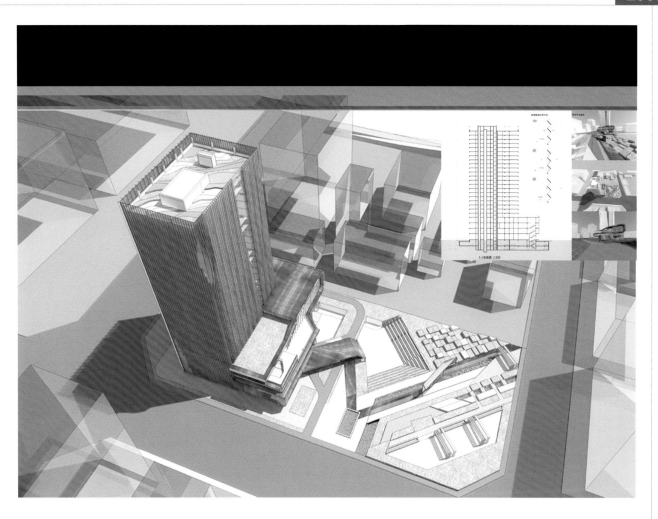

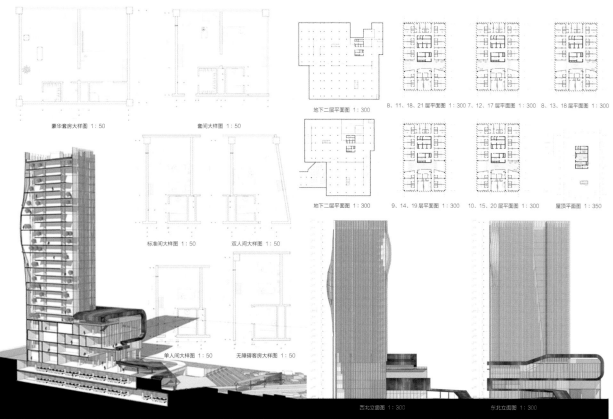

豪华套房大样图 1：50

套间大样图 1：50

标准间大样图 1：50

双人间大样图 1：50

单人间大样图 1：50

无障碍客房大样图 1：50

地下二层平面图 1：300

8、11、18、21 层平面图 1：300   7、12、17 层平面图 1：300   8、13、18 层平面图 1：300

地下二层平面图 1：300

9、14、19 层平面图 1：300   10、15、20 层平面图 1：300   屋顶平面图 1：350

西北立面图 1：300

东北立面图 1：300

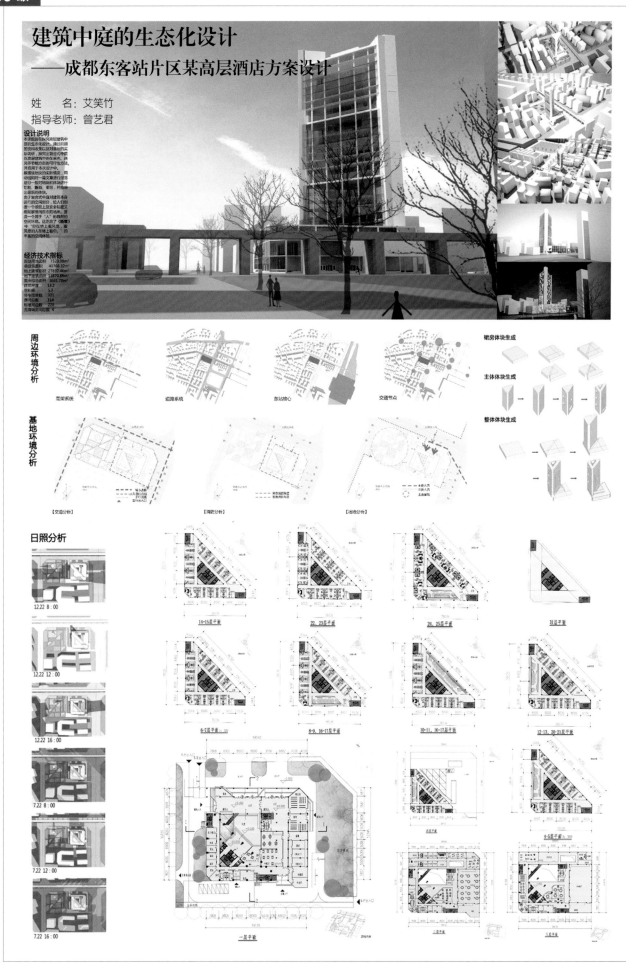

建筑中庭的生态化设计
——成都东客站片区某高层酒店方案设计

姓　名：艾笑竹
指导老师：曾艺君

设计说明

经济技术指标

周边环境分析

裙房体块生成

主体体块生成

整体体块生成

基地环境分析

日照分析

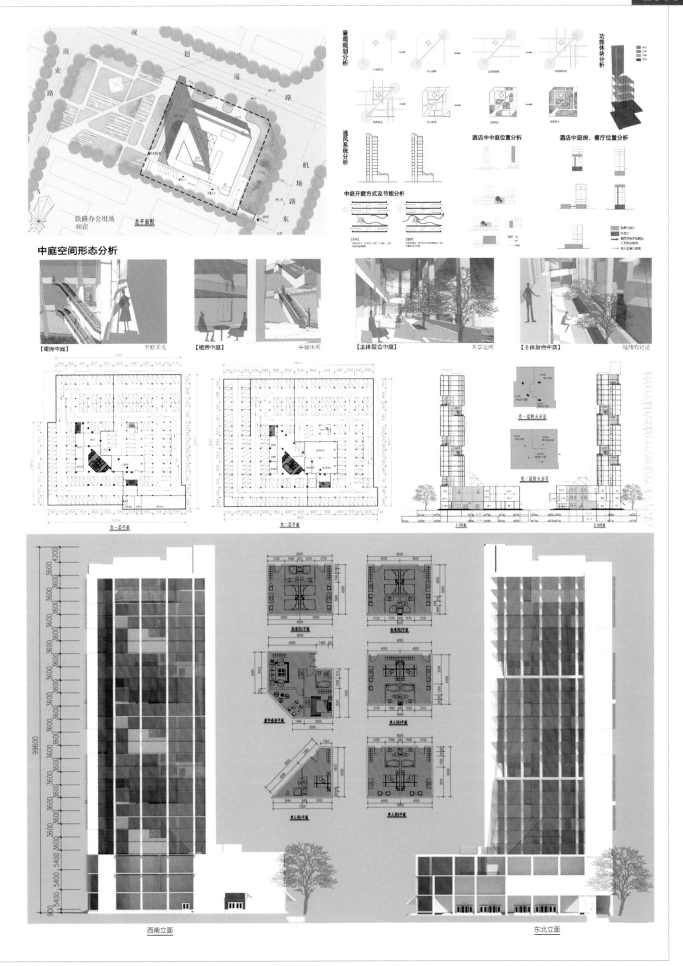

中庭空间形态分析

跨界：建筑之外

——成都东客站片区某高层酒店方案设计

姓　　名：赵青

指导老师：曾艺君

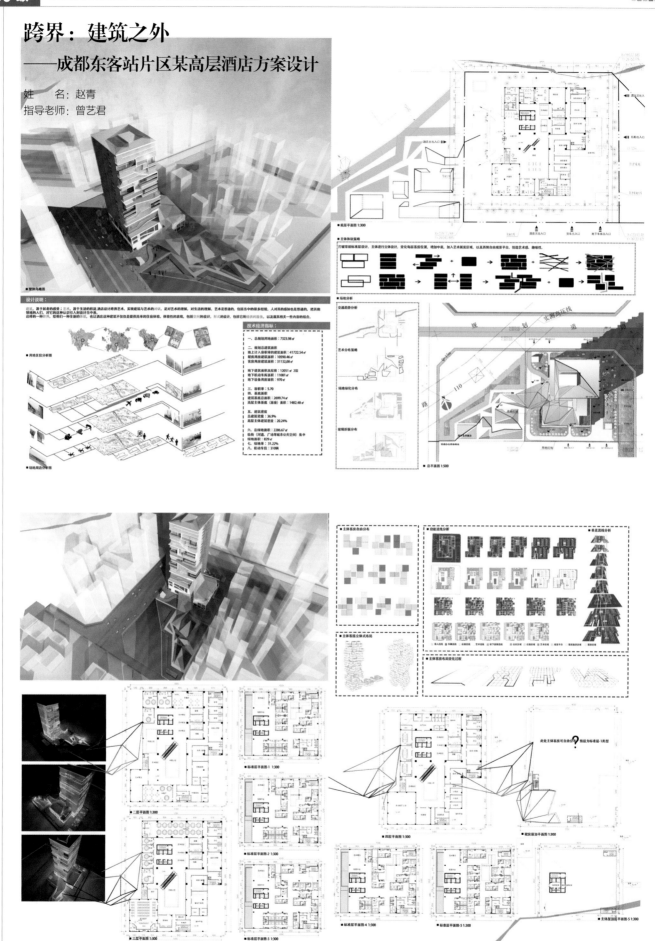

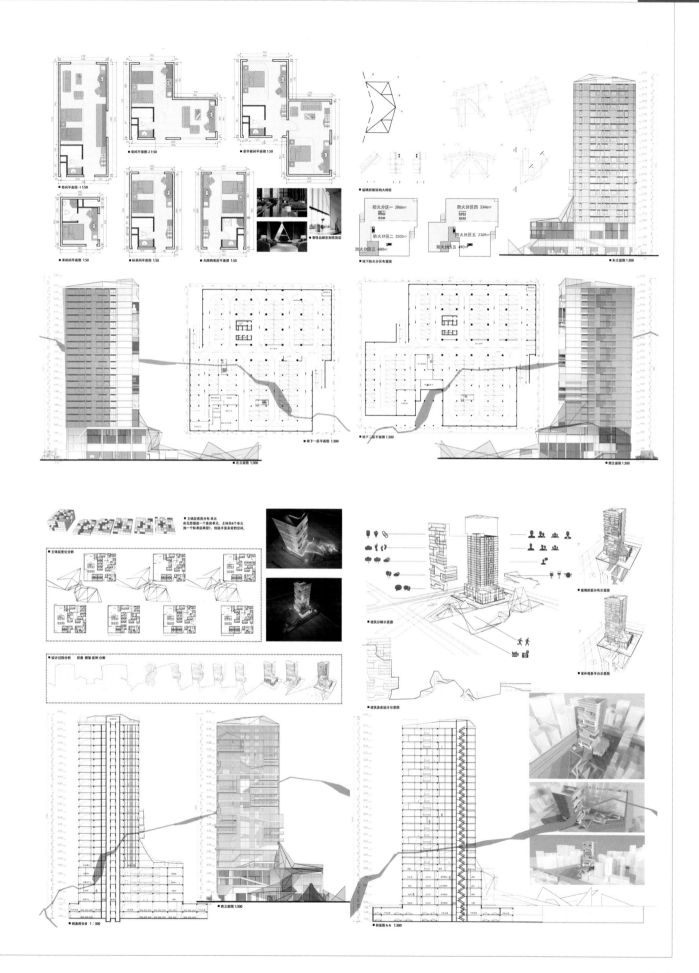

建筑空间氛围的地域性表达
——成都文化中心方案设计

姓　　名：卢骁
指导老师：林武国

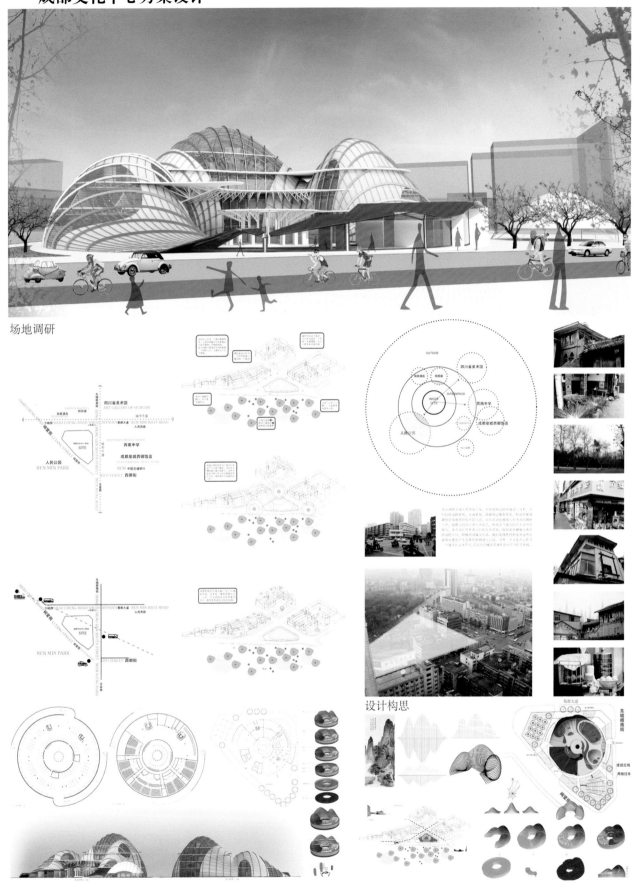

场地调研

设计构思

叙事性在文化建筑中的应用
——成都文化中心建筑方案设计

姓　名：：丁麒瑞
指导老师：：林武国

抬起地形　　呼应居住区消减形体　　裂出街道——坡道　　片墙立面　　扬起屋顶 框景天府广场、人民公园

景框　　　　戏道

立面逻辑

一层平图 1：250　　二层平图 1：250　　三层平图 1：250　　四层平图 1：250

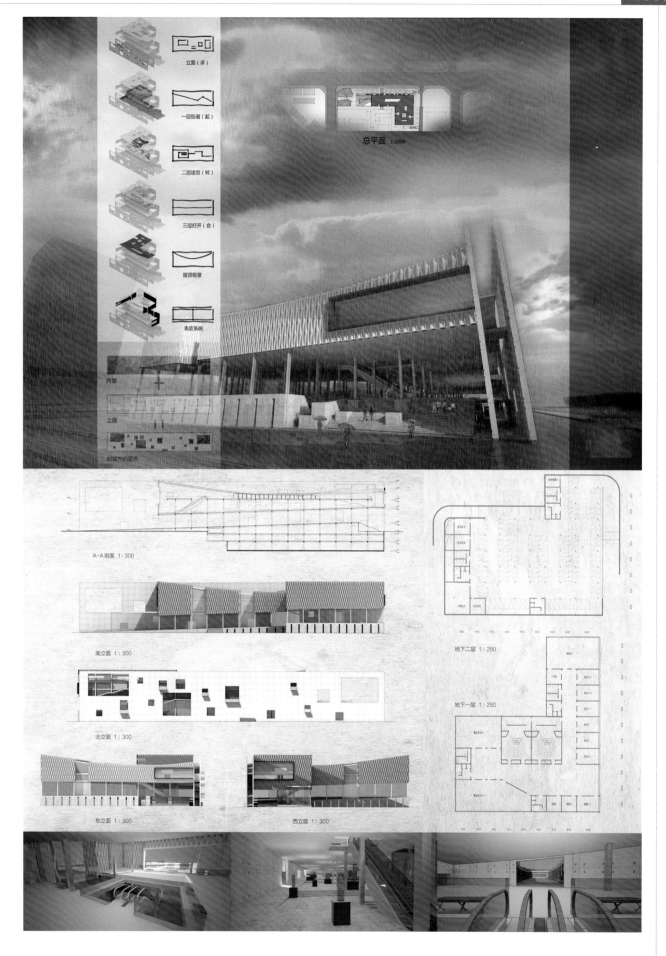

立面（承）

一层街道（起）

二层迷宫（转）

三层打开（合）

屋顶框景

表皮系统

总平面 1:2000

内部

立面

对城市的姿态

A-A剖面 1:300

南立面 1:300

北立面 1:300

东立面 1:300

西立面 1:300

地下二层 1:250

地下一层 1:250

文化建筑开放性空间的营造——成都文化中心建筑方案设计

姓　　名：乐昊
指导老师：林武国

技术经济指标：

设计说明：

　　此次设计的理念是：强化文化中心的开放性、公共性和市民参与的互动性，通过人们的生活体验与城市对话，激发城市的活力，提升城市的文化价值。本次设计的特点在于通过底层架空的方式营造"城市客厅"的感觉，设置屋顶广场来契合"文化舞台"的主题。

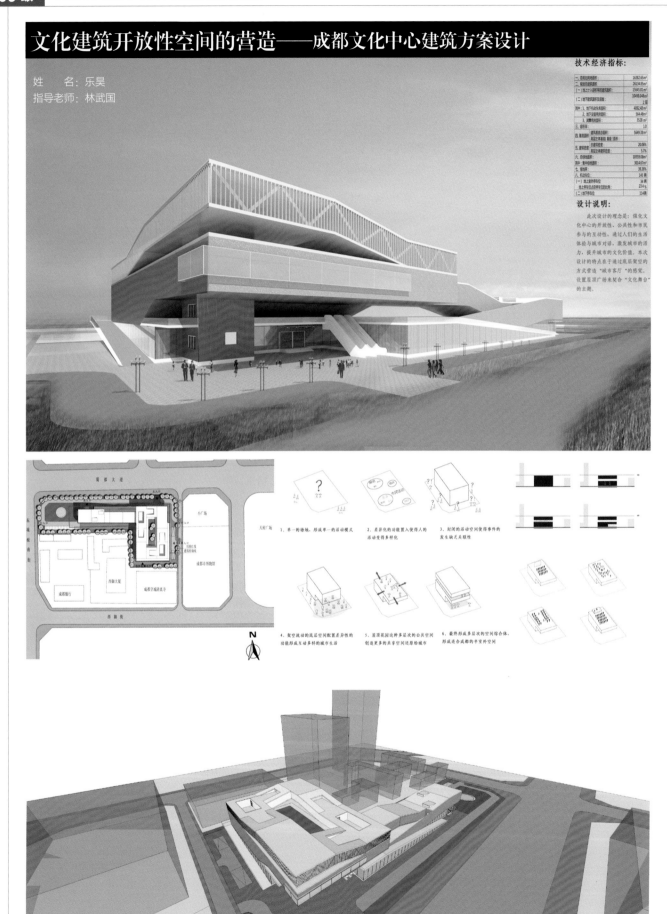

1. 单一的场地，形成单一的活动模式

2. 差异化的功能置入使得人的活动变得多样化

3. 封闭的活动空间使得事件的发生缺乏关联性

4. 架空流动的底层空间配置差异性的功能形成互动多样的城市生活

5. 屋顶花园边种多层次的公共空间创造更多的共享空间还原始给城市

6. 最终形成多层次的空间综合体，形成适合成都的半室外空间

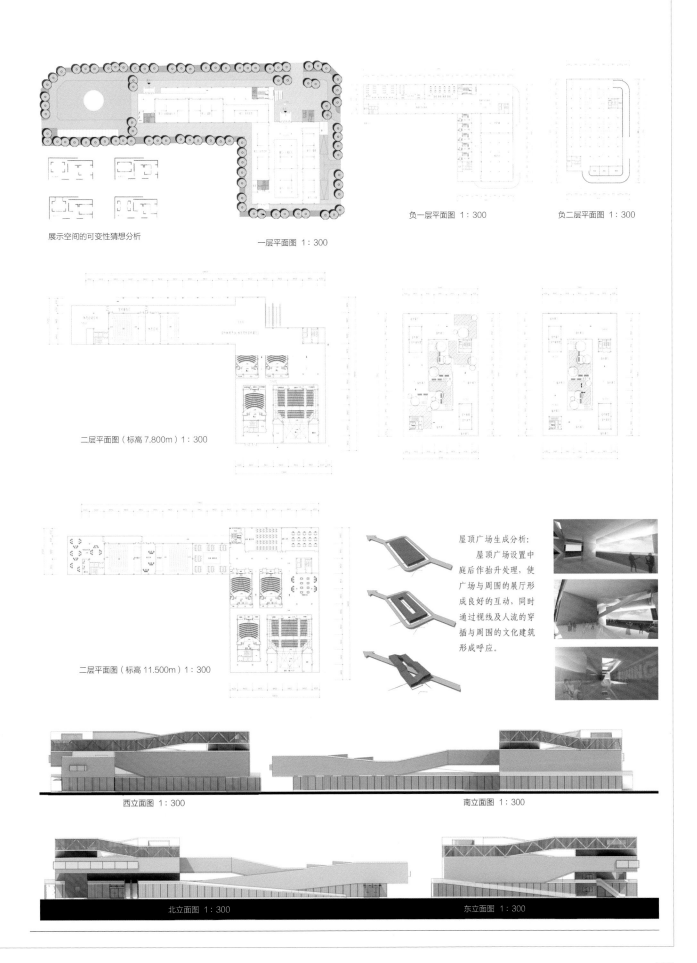

展示空间的可变性猜想分析

一层平面图 1:300

负一层平面图 1:300

负二层平面图 1:300

二层平面图（标高 7.800m）1:300

二层平面图（标高 11.500m）1:300

屋顶广场生成分析:
　　屋顶广场设置中庭后作抬升处理，使广场与周围的展厅形成良好的互动，同时通过视线及人流的穿插与周围的文化建筑形成呼应。

西立面图 1:300

南立面图 1:300

北立面图 1:300

东立面图 1:300

基于人性化步行系统的商业综合体设计
——四川山东大厦城市商业综合体方案设计

姓　　名：代芸
指导老师：胡昂、魏柯、藤井明

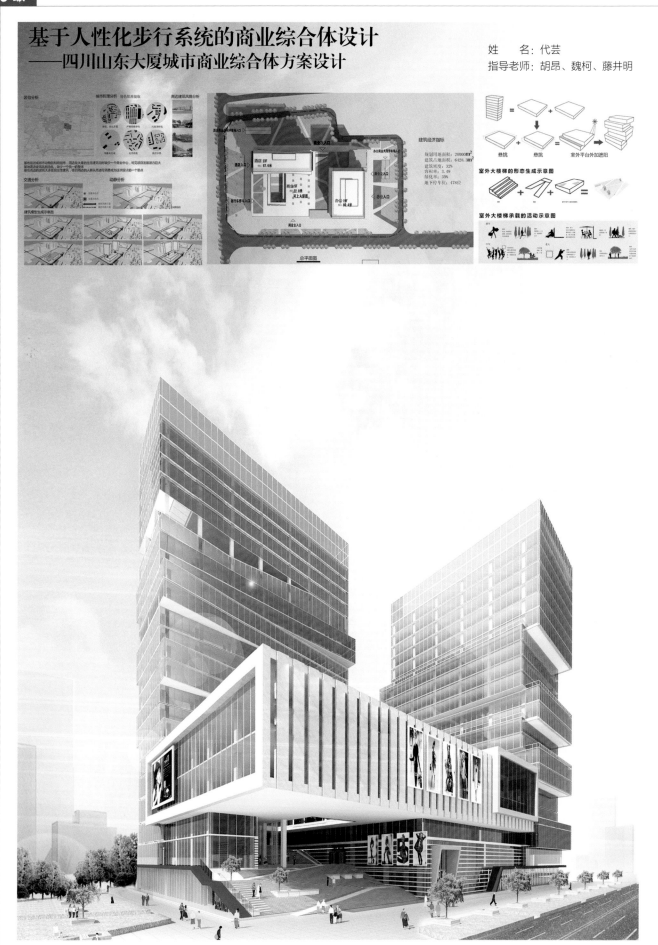

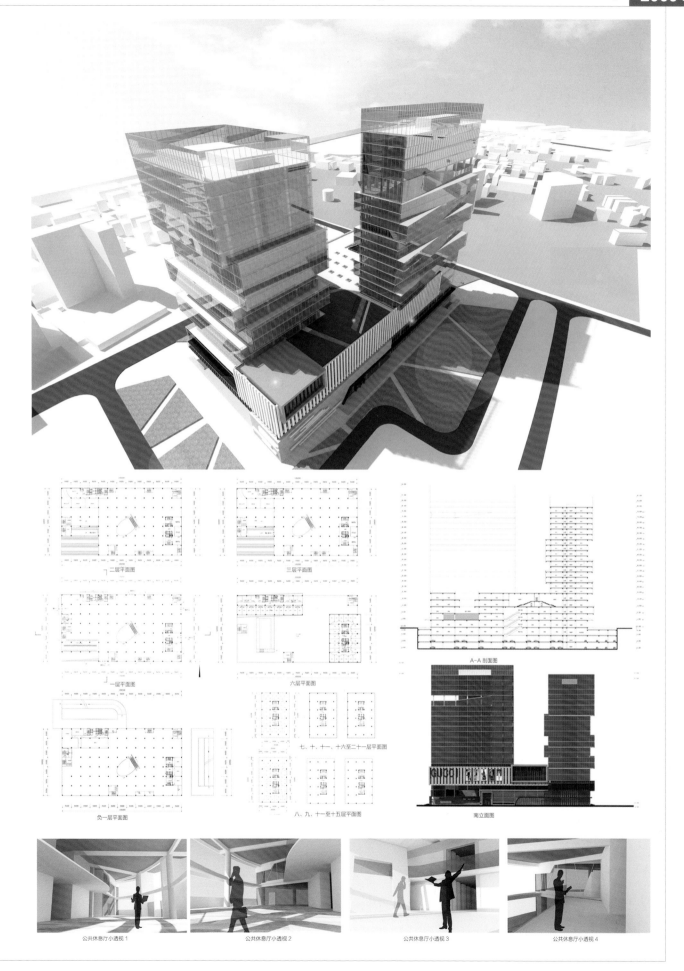

二层平面图

三层平面图

一层平面图

六层平面图

A-A 剖面图

负一层平面图

七、十、十一、十六至二十一层平面图

八、九、十一至十五层平面图

南立面图

公共休息厅小透视 1

公共休息厅小透视 2

公共休息厅小透视 3

公共休息厅小透视 4

开放性剧院公共空间的建构——"遵义市大剧院"方案设计

姓　　名：周颖
指导老师：张鸣、王兴国、
　　　　　刘世海

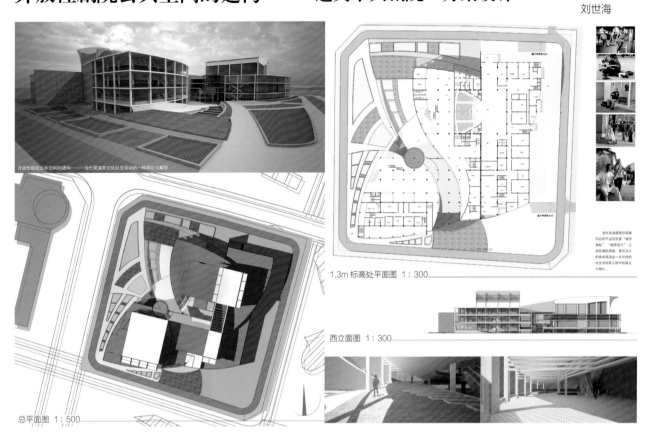

总平面图　1：500

1.3m 标高处平面图　1：300

西立面图　1：300

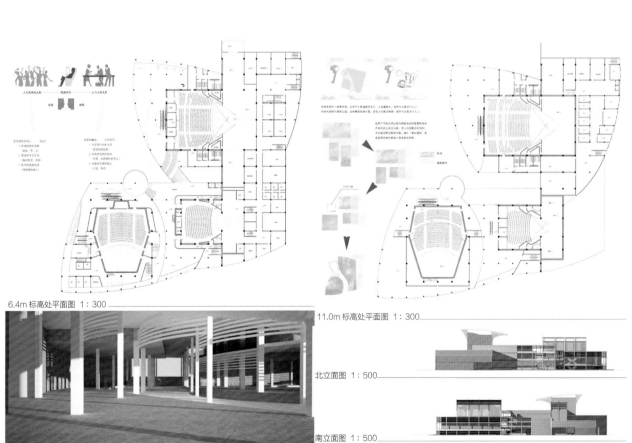

6.4m 标高处平面图　1：300

11.0m 标高处平面图　1：300

北立面图　1：500

南立面图　1：500

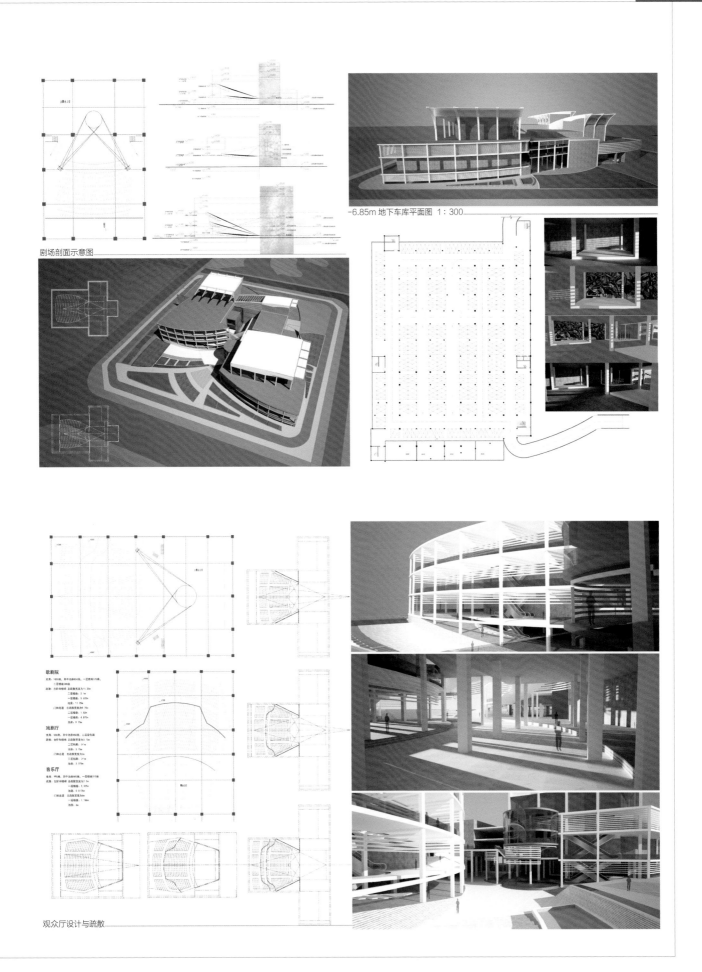

剧场剖面示意图

−6.85m 地下车库平面图 1:300

歌剧院

戏剧厅

音乐厅

观众厅设计与疏散

针对建筑微气候的设计策略——成都东区音乐公园旁某高层酒店方案设计

姓　名: 吴琳
指导老师: 傅红

一层平面图 1:300

负二层平面图 1:400

东立面图 1:500　　南立面图 1:500　　西立面图 1:500　　北立面图 1:500

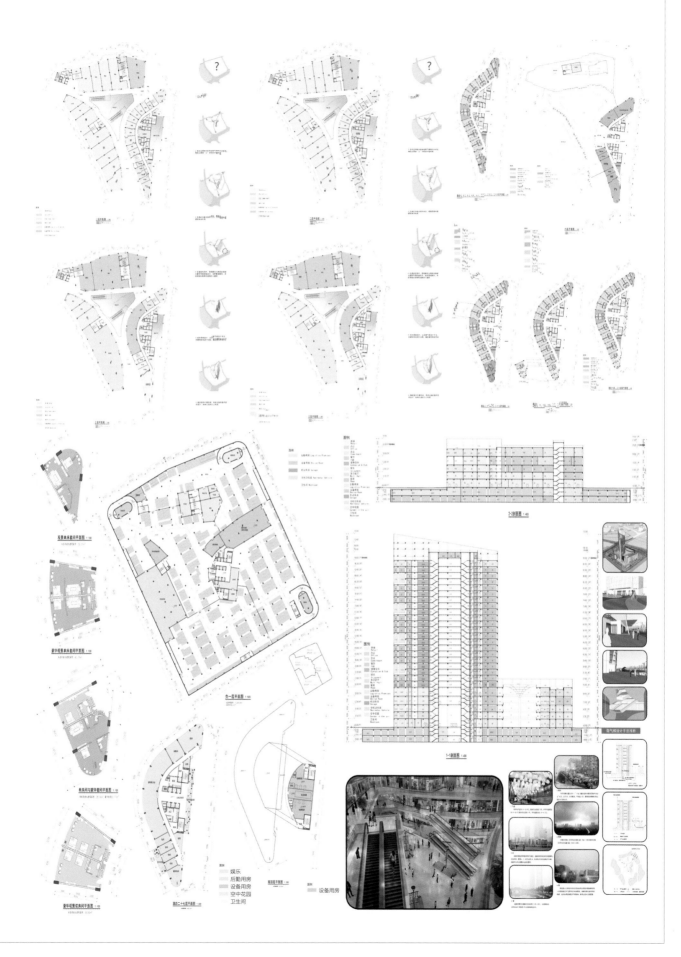

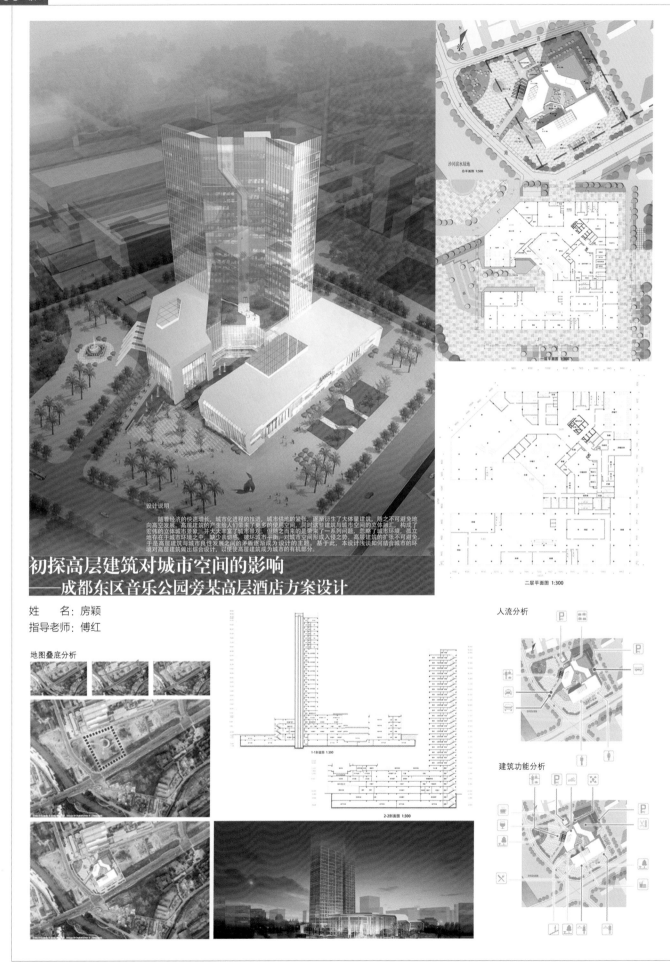

设计说明

随着经济的快速增长，城市化进程的推进，城市供地的紧张，逐渐衍生了大体量建筑，随之不可避免地向高空发展。高楼建筑的产生带来了更多的使用空间，同时延续建筑与城市空间的立体延汇，构成了宏伟的立体城市景观，并大大丰富了城市景观。但随之而来的是带来了一系列问题。忽视了城市环境、孤立地存在于城市环境之中，缺少亲切感，破坏城市平衡，对城市空间形成入侵之势。高层建筑的扩张不可避免于是高层建筑与城市良性发展之间的矛盾逐渐成为设计的主题。基于此，本设计浅谈如何结合城市的环境对高层建筑做出综合设计，以便使高层建筑成为城市的有机部分。

初探高层建筑对城市空间的影响
——成都东区音乐公园旁某高层酒店方案设计

姓　　名：房颖
指导老师：傅红

二层平面图 1:300

地图叠底分析

1-1剖面图 1:300

2-2剖面图 1:300

人流分析

建筑功能分析

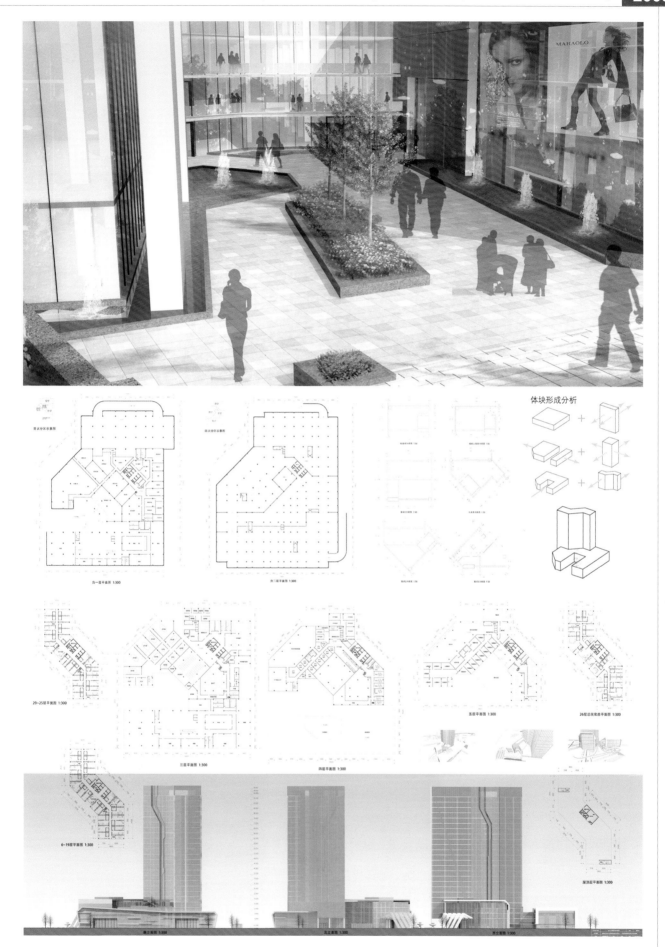

非线性建筑设计对酒店综合体空间的影响
——成都东区音乐公园旁某高层酒店方案设计

姓　　名：姜婉
指导老师：傅红

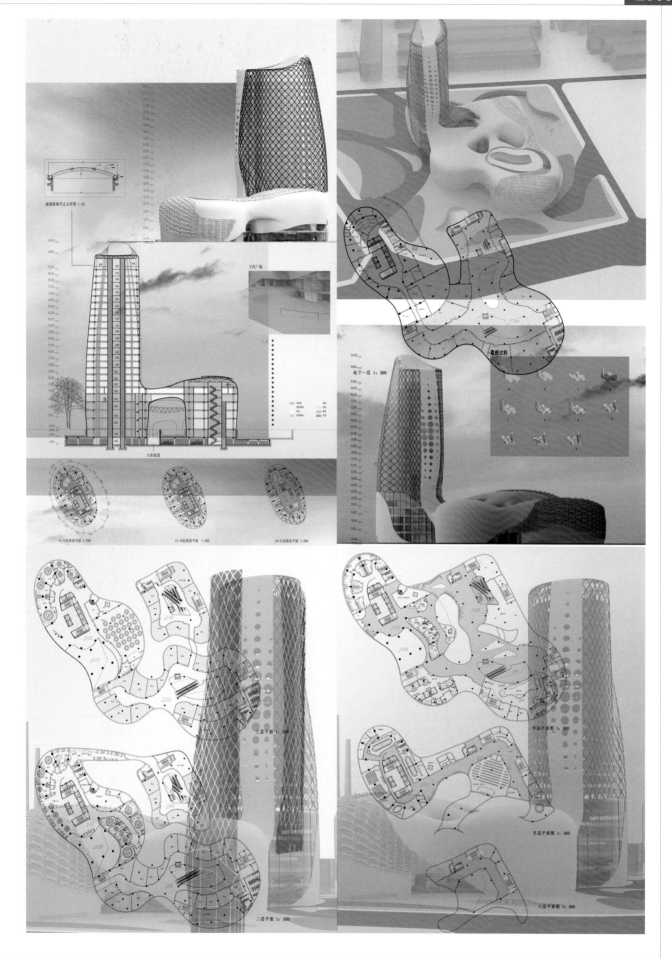

新旧并置：工业遗产保护区新建高层商业综合体初探
——成都东区音乐公园旁某高层酒店方案设计

姓　　名：汪明
指导老师：傅红

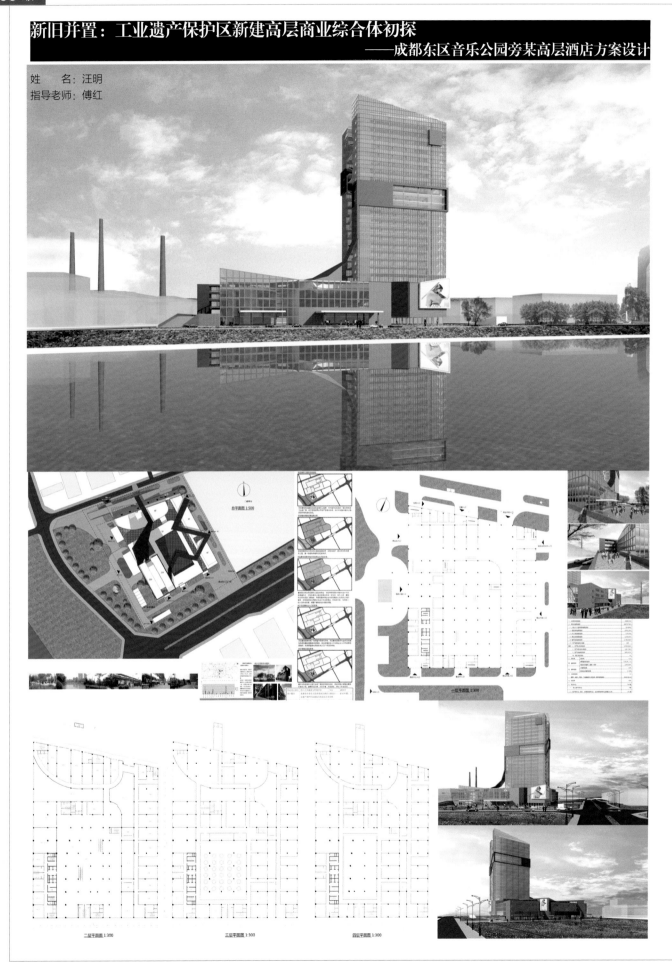

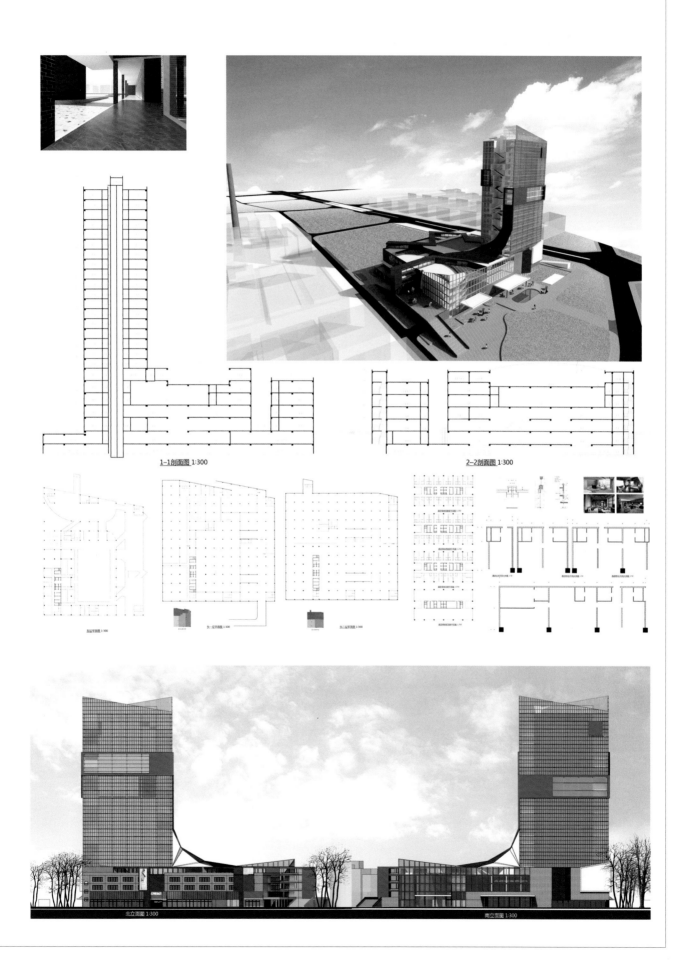

1-1剖面图 1:300

2-2剖面图 1:300

北立面图 1:300

南立面图 1:300

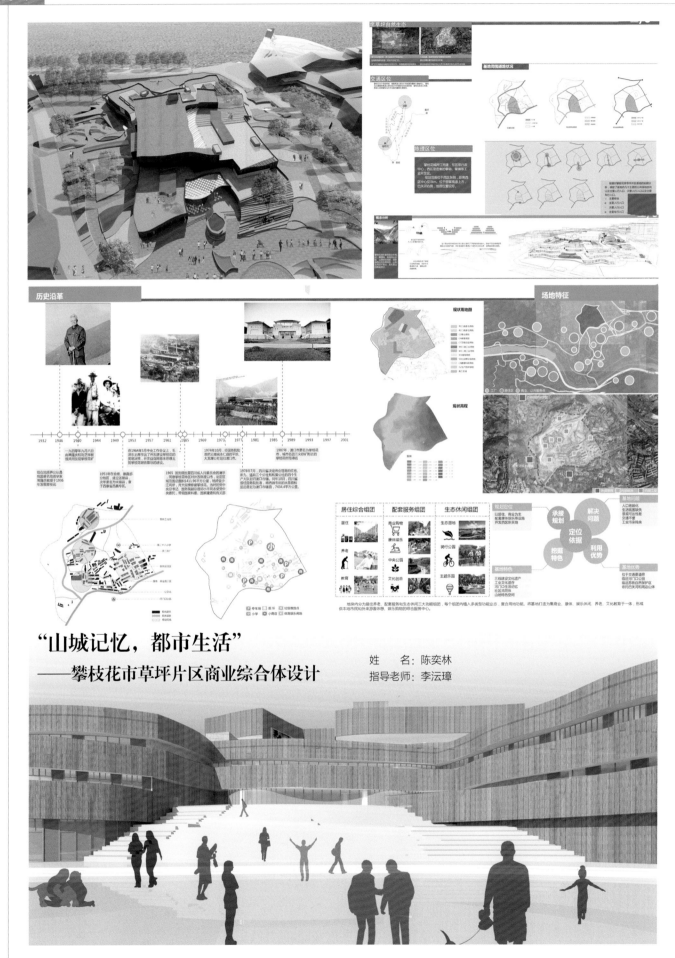

历史沿革

"山城记忆，都市生活"
——攀枝花市草坪片区商业综合体设计

姓　名：陈奕林
指导老师：李沄璋

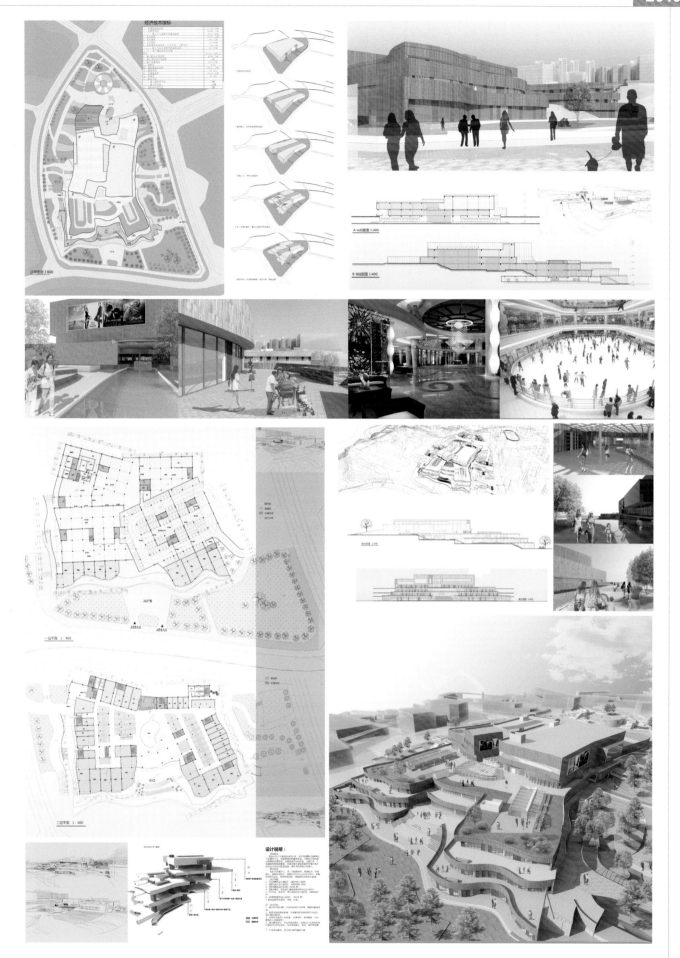

"对峙与融合"：建筑边界在城市公共空间中的运用

——综合活动中心设计

姓　　名：徐丹
指导老师：李沄璋

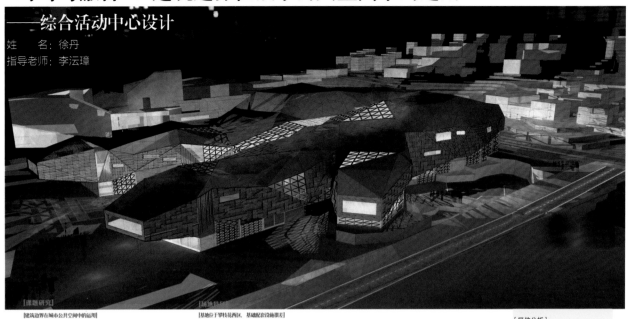

[课题研究]

[建筑边界在城市公共空间中的运用]

正如同建筑边界是建筑与环境的交集一样，建筑边界的设计同样成为了建筑设计和城市设计的重要部分。希望通过对边界的内涵，特别以及不同条件下的边界形态所表现出的对场所的研究，进而研究出以边界为媒介着建筑、城市、景观有机的统一起来的可能性。

建筑边界：场域两者的边缘、内部与外部的分界。

空间：一种可以被感知的体量，有明确形貌的边界，空间原则上是有间隔、封闭和静止的，在组合上是有序的。

反空间：[没有形状] [连续] [缺乏可识别的边界或形状]

[设计关键词]：边界、空间、反空间、对峙、融合

[基地位于攀枝花西区，基础配套设施很差]

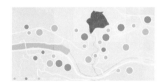

[区位分析]

[攀枝花西区席草坪片区]

本次设计位于四川攀枝花西区的席草坪片区攀枝花市，地处四川省西南边陲，是中国唯一以花名命名的城市，地当南方丝绸之路要冲，是中国西部最大的钢铁钒钛和能源基地。

西区，地攀枝花城跨江而建，东区是行政中心，西区是密集的攀钢、攀煤等工业开发区，规划范围位于西区东侧，距离西区中心仅3km，位于丽攀高速上方，河右侧，地理位置较好。

[地域特色]

[综合活动中心]

地块内分为居住养老，配套服务和生态休闲三打功能组团。每个组团内植入人类型功能业态，复合利用地功能，将具行盐端与食品业、旅体、娱乐、休闲、养老、文化教育于一体。形成供本地市民和外来游客休憩、娱乐购物的综合服务中心。

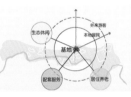

[现状问题]

[形体的演化]

[定位依据]

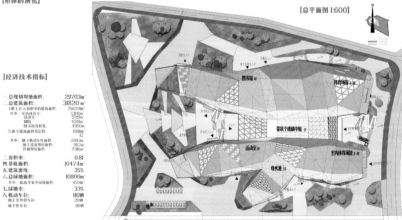

[总平面图 1:600]

[经济技术指标]

一.总规划用地面积：　　29703m²
二.总建筑面积：　　　　 31820m²
　1.地上计入容积率的建筑面积：25629m²
　　其中：综合体育中心：　5300m²
　　　　　　活动馆：　　　　
　　　　　　图书馆及展览：　6260m²
　2.地下建筑面积及层数：　6950m²
　　其中：地上综合办公用房：2893m
　　　　　地下设备和冷库用房：982m
　　　　　其他地下综合用房：　2286m
三.容积率：　　　　　　　0.81
四.基底面积：　　　　　　10474m²
五.建筑密度：　　　　　　35%
六.总绿地面积：　　　　　10800m²
　其中：临街绿化集中绿地面积：6500m
七.绿地率：　　　　　　　33%
八.机动车位：　　　　　　116辆
　　　地上室外停车位：　　20辆
　　　地下室停车位：　　　96辆

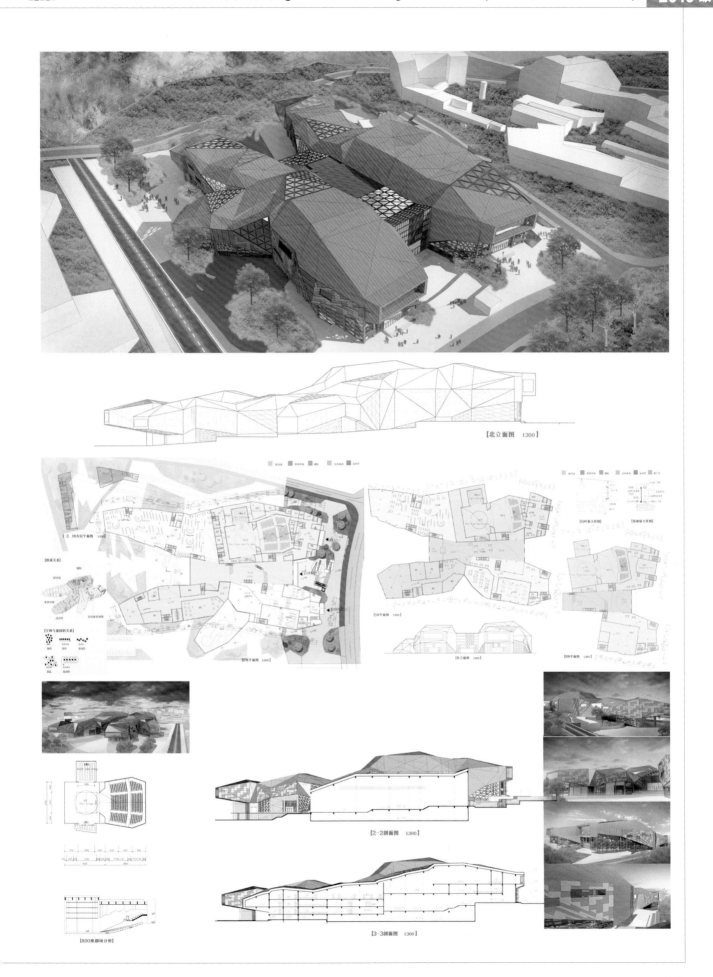

"老年之家"
——全龄复合化的养老性建筑设计

姓　　名：段平
指导老师：曾艺君

顺应场地，屋顶轮廓提取山脉起起伏伏的元素。

机房
楼电梯　大空间　　日光浴

设计中将楼电梯、大空间、日光浴等一些空间处理成折线屋顶的形式，一方面打破坡顶的规整，使屋顶变得多元化，另一方面增高大空间层高，使其变得更舒适。

太阳能板

场地的走势为由北向南逐渐升高，这与设计的走势相辉，采用折线形屋顶有利于更好地接收太阳的直接辐射。

"风光水绿"：养老建筑的地域性设计
——成都金沙片区老年人复合型养老综合设施建筑设计

姓　　名：向柃蒨
指导老师：何昕

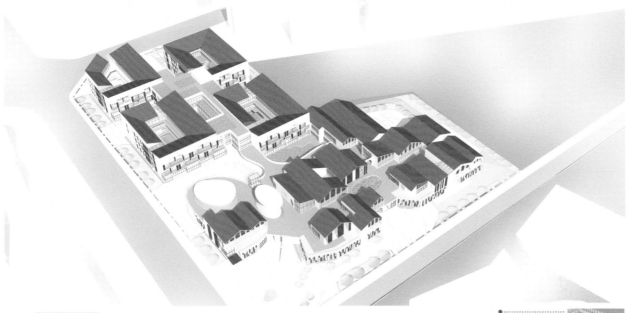

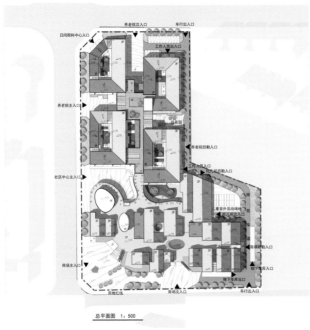

总平面图 1:500

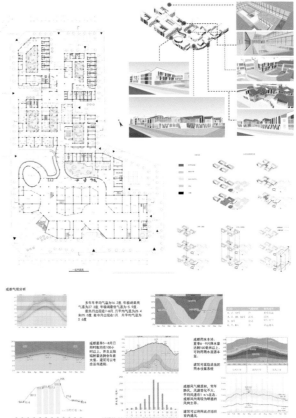

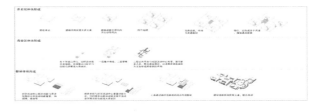

攀枝花市草坪西区老年疗养中心方案设计

姓　　名：刘蒙蒙
指导老师：李沄璋

经济指标

总用地面积：29308 ㎡
总建筑面积：20357.67 ㎡
床位数：182 床
容积率：0.69
建筑密度：10.04%
绿地率：64.3%
停车位总数：72 辆

日照

功能

高程

设计说明

机能下降
活动力低
大脑退化
行动不便
疾病容易产生

介助 / 介护

认知症

全自理

孤独感
自卑感
渴望友谊
需求安全感
大空间恐惧

不同类型老人需求
无障碍设计
生活场所的营造
私密、半私密
公共空间

身体　　　　类型　　　　心理　　　　设计应对

私密空间　　私密空间
半私密空间　　半私密空间
公共空间
半私密空间　　半私密空间
私密空间　　私密空间

这种公共、半公共
空间的营造比较适
合老年人这样的群
体，既可以获得良
好的安全感，又可
以满足对于外部世
界的渴望

意向

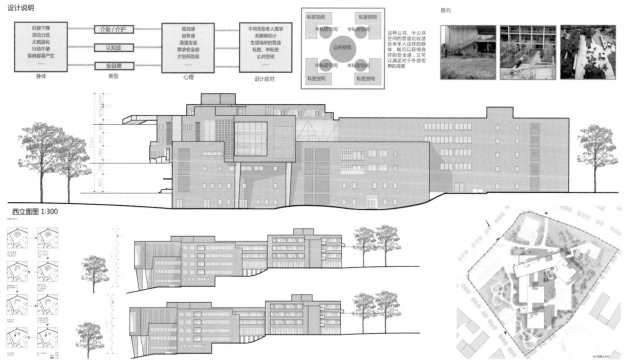

西立面图 1:300

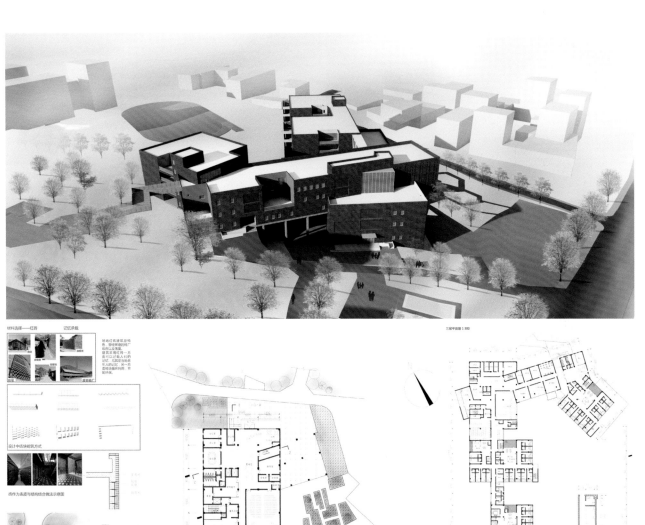

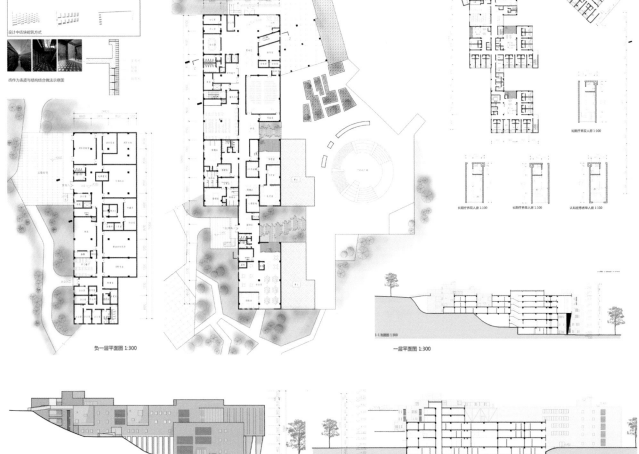

"十八弯山水"：地域文化视角下的校园建筑开放空间设计
——乐山职业技术学院文体中心建筑设计

姓　　名：廖雨婵
指导老师：方志戎

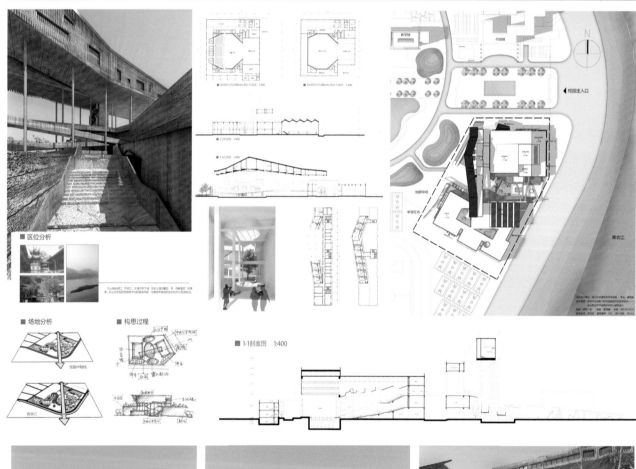

■ 区位分析

■ 场地分析　　■ 构思过程

■ 1-1剖面图　1:400

【设计说明】本次毕业设计主要从建筑地域性角度出发，试图用乐山乐山文关融入到建筑设计之中。在功能组织上主要为三大部分，分别为剧场、体育馆、社团活动的块，易趣小村的社团置管，包括象外于社团及选择，以建筑参参与社交活动密切相关性。建筑形式上强调了当地地域特色的不均管理，并使总色度顺多样与青衣江对置的山体风貌对应，建筑材料料以竹墙混凝土为主，体现了该地区的质重感。

■ 东立面图 1:400

■ 墙身大样图 1:50   ■ 剧场及篮球馆的开放性

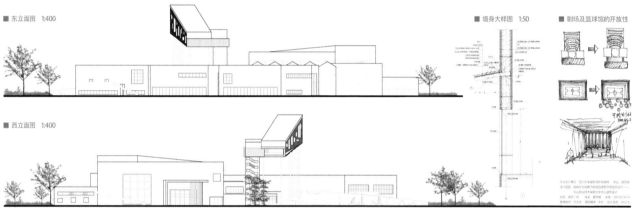

■ 西立面图 1:400

毕业设计项目：四川大学建筑与环境学院 专业：建筑学
指导老师：四川大学城市下的校园建筑设计研究——
乐山新城市关建筑设计中心建筑设计
设计班级：建筑 姓名：蔡思婷 学号：1051405 4074
指导教师：四川 设计指导老师 日期：2011.6

■ 体块生成

1.根据校园布局布置相应功能模块

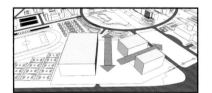

2.向基地两个主要方向引入广场

3.细化功能布局，完善主体体量

■ 流线分析

■ 南立面图 1:400

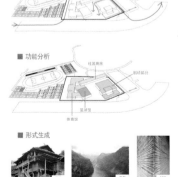

■ 功能分析

■ 形式生成

■ 2.700标高层平面图 1:400
■ 1.800±0层平面图 1:400

传统街区商业动线的城市化表达——成都北改薛公馆商业综合体建筑设计

姓　　名：王荻　指导老师：胡昂、藤井明、魏柯、田中阳辅

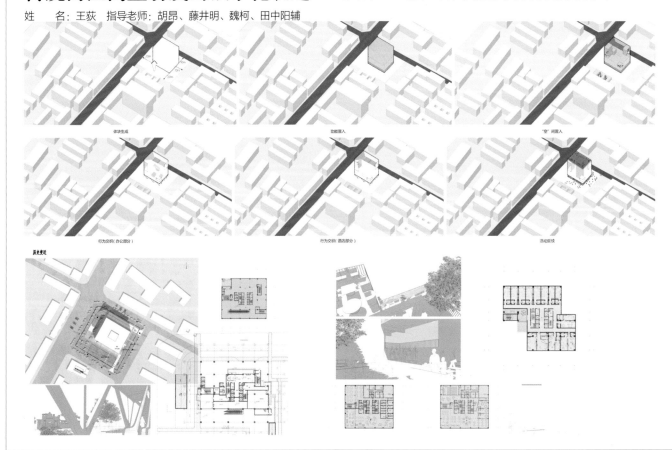

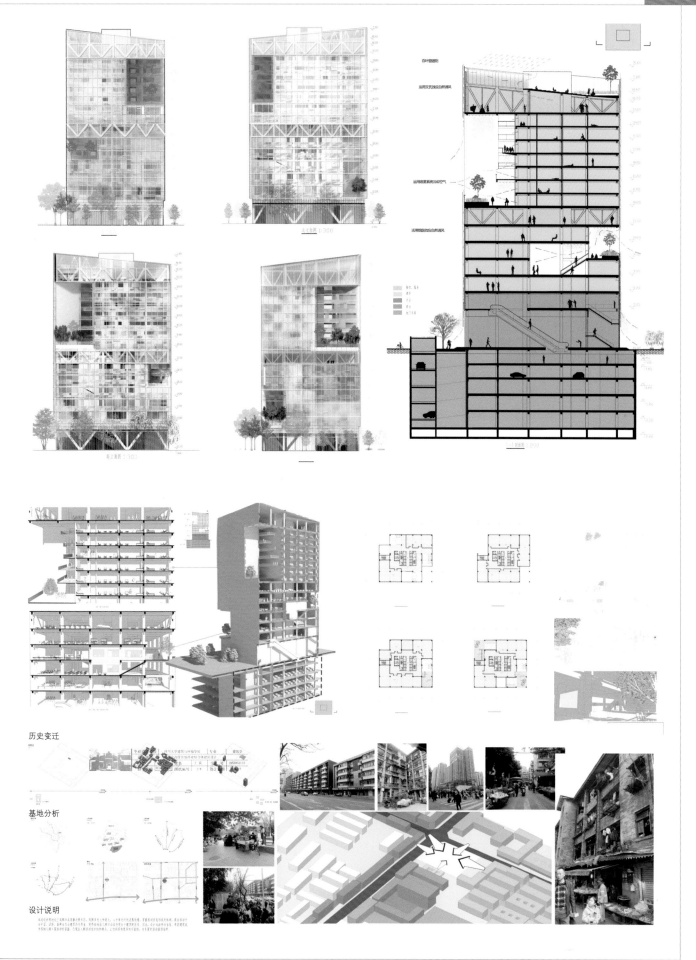

历史变迁

基地分析

设计说明

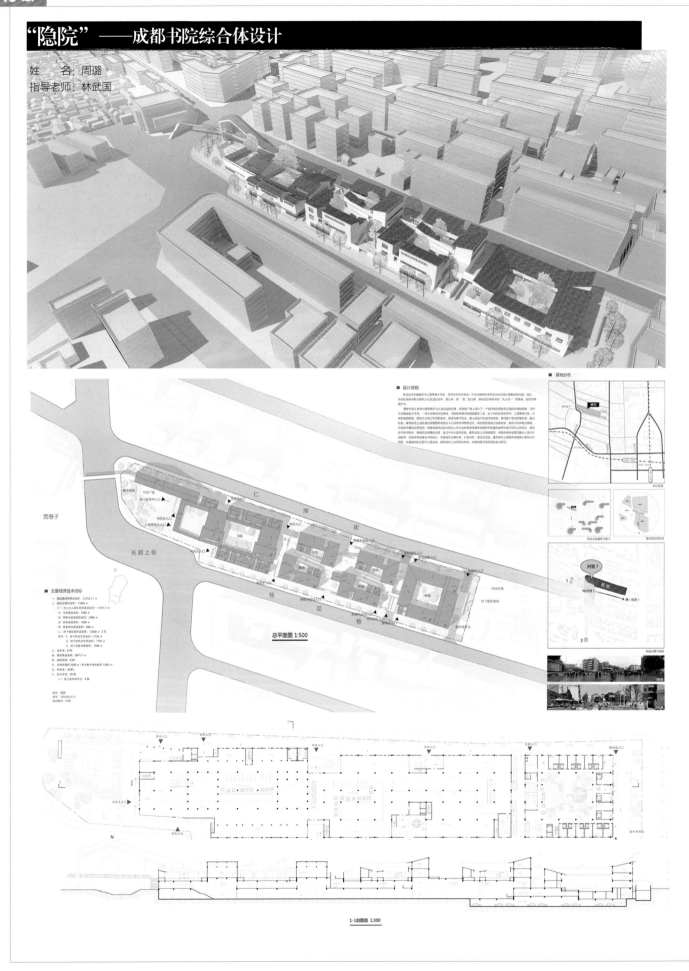

"隐院"——成都书院综合体设计

姓　　名：周璐
指导老师：林武国

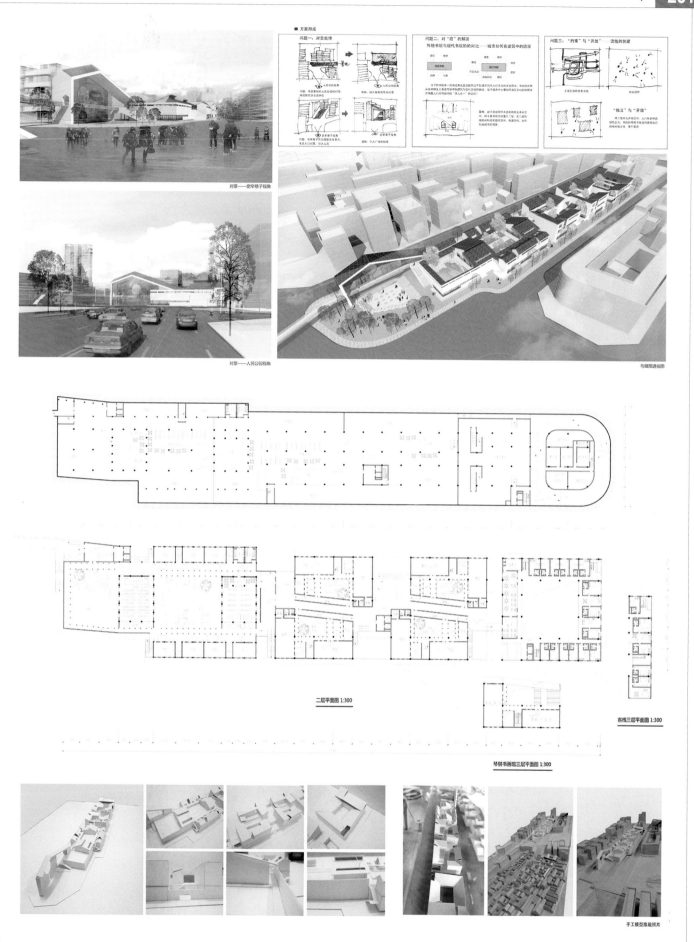

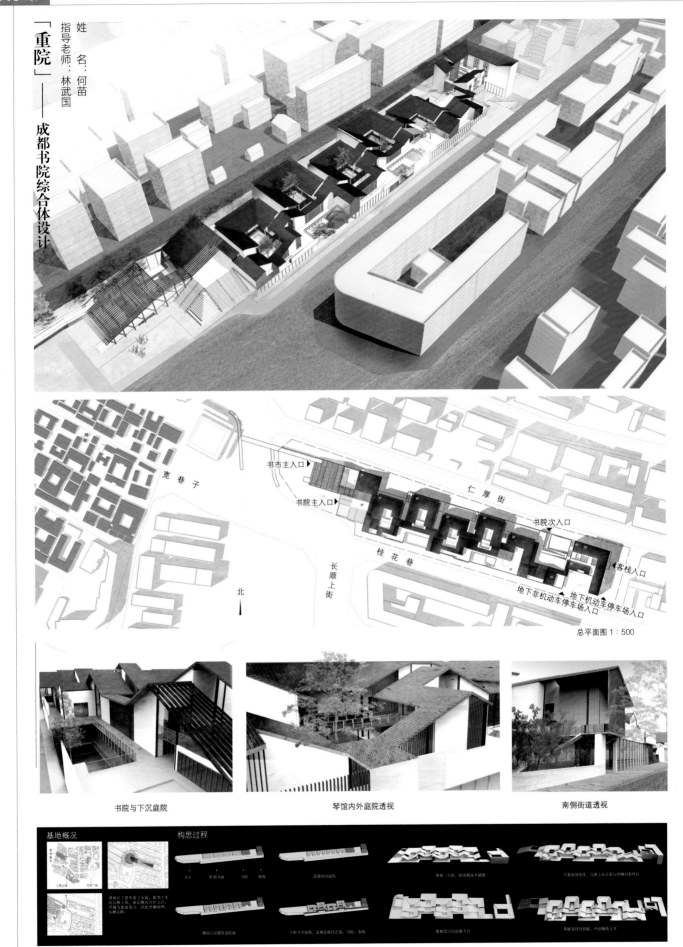

姓　名：何苗

指导老师：林武国

「重院」——成都书院综合体设计

书市主入口

书院主入口

仁厚街

书院次入口

客栈入口

地下非机动车停车场入口　地下机动车停车场入口

宽巷子

桂花巷

长顺上街

北

总平面图 1：500

书院与下沉庭院　　　　　　　　　琴馆内外庭院透视　　　　　　　　　南侧街道透视

基地概况　　　　构思过程

琴馆剖视图

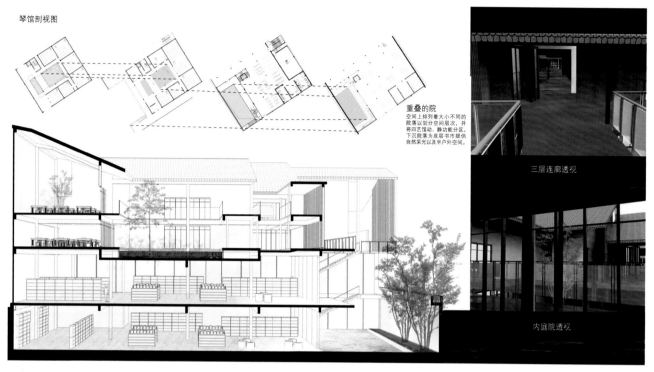

重叠的院
空间上排列着大小不同的院落以划分空间层次，并将四艺馆动、静功能分区，下沉院落为庭层书市提供自然采光以及半户外空间。

三层连廊透视

内庭院透视

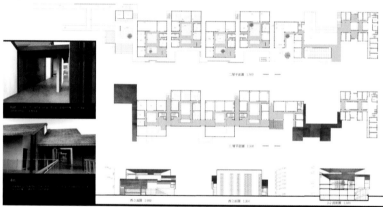

街角对景——木构的光影体验

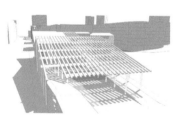

街角对景
连接宽窄巷子的天桥通向书院二层，同时人们可以选择不同路径到达书市一层或者负一层庭院，交错的坡道丰富有趣，而顶盖是一个大型的木质构件，如同未盖顶的"檩条"，檩条在隔光下投影到左侧的白墙上，人们行走其中感受光影的变化。

夜景透视

钢结构展览空间对工业空间的隐喻与再现
——宜宾市规划展览馆设计

姓　　名：施博文
指导老师：余斡寒、徐浪

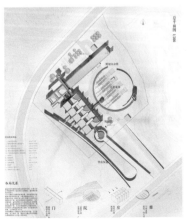

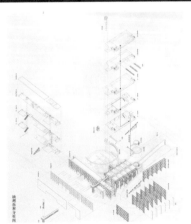

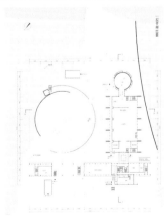

日景透视

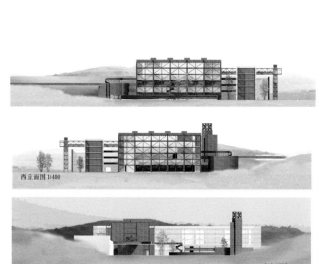

西立面图 1:400

南立面图 1:400

展厅意向

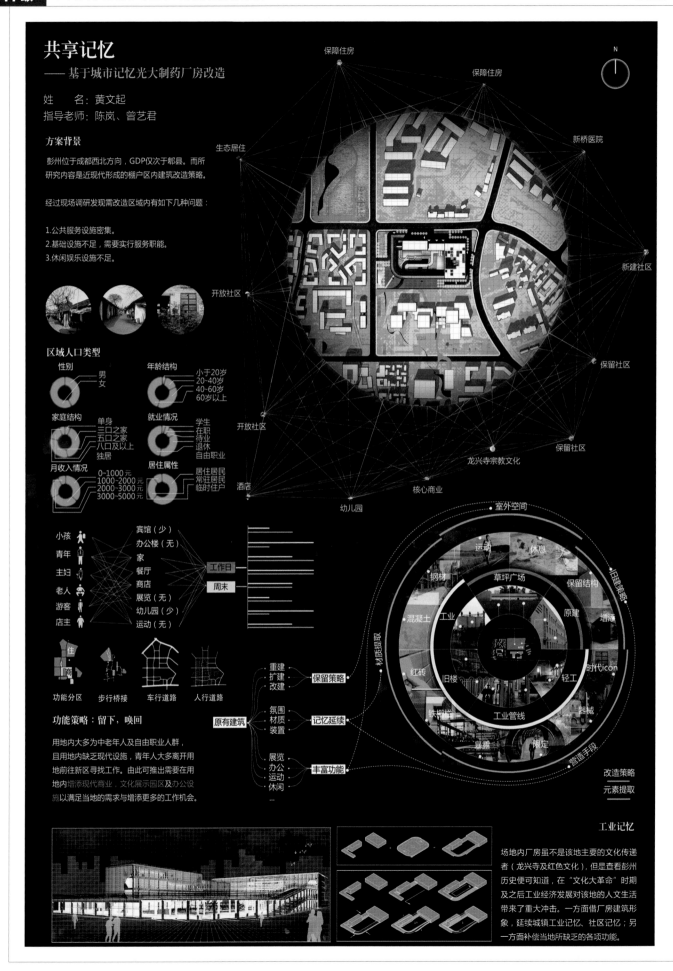

共享记忆
—— 基于城市记忆光大制药厂房改造

姓　　名：黄文起
指导老师：陈岚、曾艺君

方案背景

彭州位于成都西北方向，GDP仅次于郫县。而所研究内容是近现代形成的棚户区内建筑改造策略。

经过现场调研发现需改造区域内有如下几种问题：

1. 公共服务设施密集。
2. 基础设施不足，需要实行服务职能。
3. 休闲娱乐设施不足。

区域人口类型

性别
男
女

年龄结构
小于20岁
20-40岁
40-60岁
60岁以上

家庭结构
单身
三口之家
五口之家
八口及以上
独居

就业情况
学生
在职
待业
退休
自由职业

月收入情况
0-1000元
1000-2000元
2000-3000元
3000-5000元

居住属性
居住居民
常驻居民
临时住户

小孩
青年
主妇
老人
游客
店主

宾馆（少）
办公楼（无）
家
餐厅
商店
展览（无）
幼儿园（少）
运动（无）

工作日
周末

功能分区　步行桥接　车行道路　人行道路

功能策略：留下，唤回

用地内大多为中老年人及自由职业人群，且用地内缺乏现代设施，青年人大多离开用地前往新区寻找工作。由此可推出需要在用地内增添现代商业，文化展示园区及办公设施以满足当地的需求与增添更多的工作机会。

重建
扩建
改建
保留策略

氛围
材质
装置
记忆延续

展览
办公
运动
休闲
...
丰富功能

原有建筑

保障住房
保障住房
生态居住
新桥医院
新建社区
开放社区
保留社区
开放社区
保留社区
龙兴寺宗教文化
酒店
核心商业
幼儿园

室外空间
运动
休息
钢材
草坪广场
保留结构
旧建筑景观
混凝土　工业
原建
增添
红砖
旧楼
时代icon
轻工
铁栅栏
器械
工业管线
暴露
限定
材质提取
营造手段
改造策略
元素提取

工业记忆

场地内厂房虽不是该地主要的文化传递者（龙兴寺及红色文化），但是查看彭州历史便可知道，在"文化大革命"时期及之后工业经济发展对该地的人文生活带来了重大冲击。一方面借厂房建筑形象，延续城镇工业记忆、社区记忆；另一方面补偿当地所缺乏的各项功能。

共享记忆

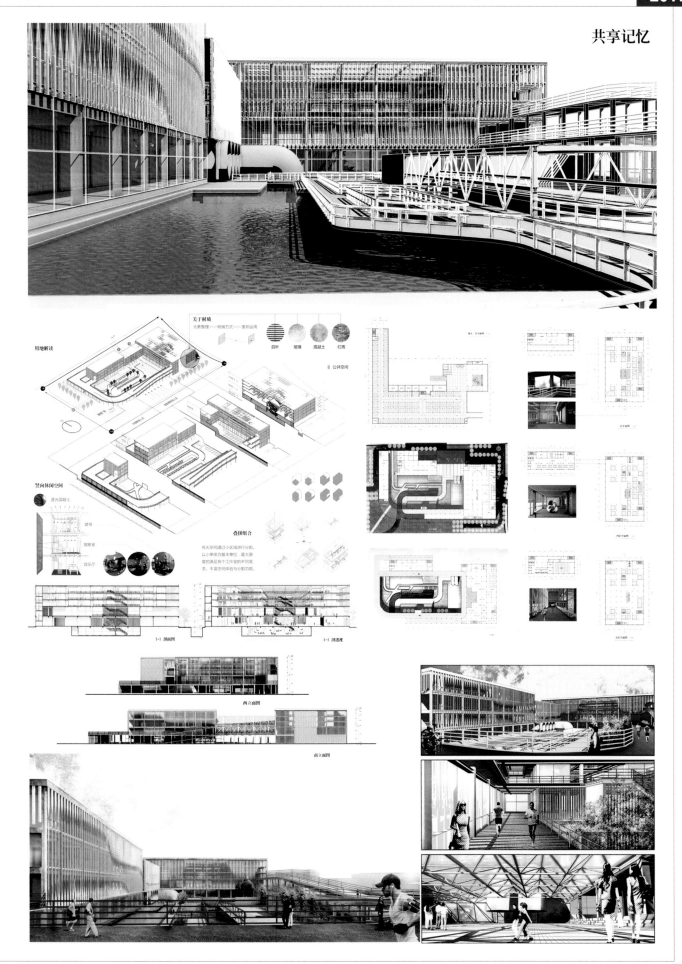

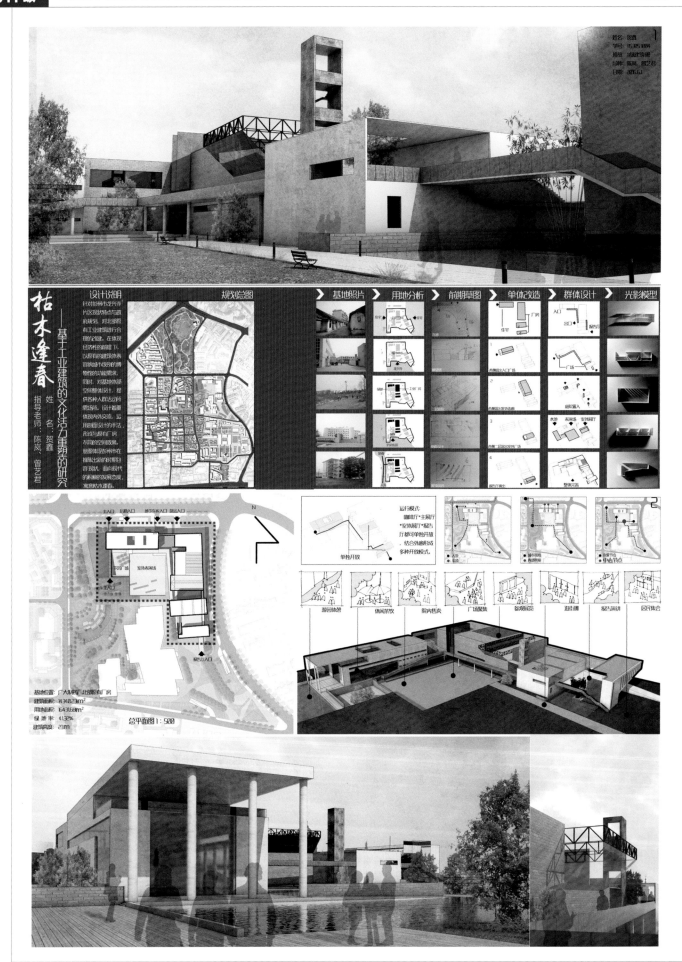

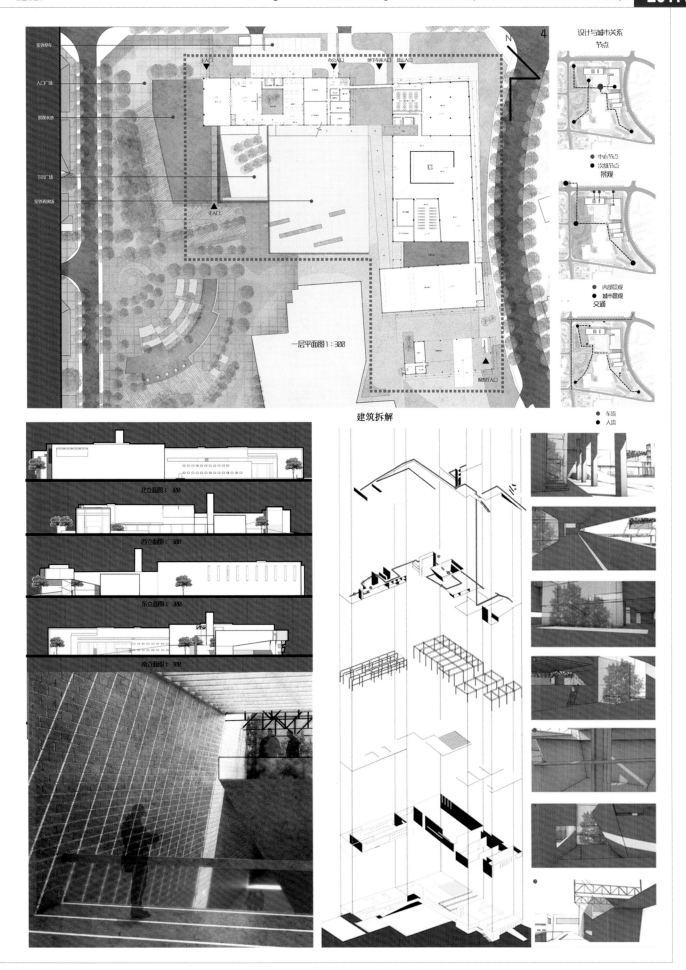

一层平面图1：300

设计与城市关系

节点

● 中心节点
● 次级节点

景观

● 内部景观
● 城市景观

交通

● 车流
● 人流

北立面图1：300

西立面图1：300

东立面图1：300

南立面图1：300

建筑拆解

"接·续"：废弃工业区的公共空间活力重塑研究
——彭州市天彭镇龙兴寺周边棚户区改造更新设计

姓　名：杨泽晖
指导老师：陈岚、曾艺君

背景研究

场地区位

彭州市属成都市21个区（市）县之一，位于龙门山脉以南，成都平原之北。

地块处在老城商业中心以北，老城中心一直延伸至城市边界，连接了城与乡。

历史沿革

历史悠久的龙兴寺

设计需求

市民需求

38% ……… 绿地公园
17% ……… 文化设施
15% ……… 体育健身设施
12% ……… 餐饮业
9% ……… 休闲娱乐
9% ……… 商业店铺

在老城区域，市民需要更多公共空间

设计说明

　　设计主要功能是以彭州特产特色为主的展示，以及文化与公共服务功能。由三座主要体量构成，南北两侧为展示区以及报告厅，中间是办公及商业。三座体量由一条连廊联系在一起，并且形成丰富的底部架空以及街巷空间。建筑的造型以坡屋顶为主进行了组合，形成对周边建筑的呼应。立面材质以原有的砖石为主，辅以玻璃等材质。设计力求创造丰富的空间，打破厂房建筑单调的空间组织模式和枯燥的外部环境。同时设计以"接·续"为主题，在形式和功能上都进行了连接和延续，同时也对周围的环境形成了积极的影响。

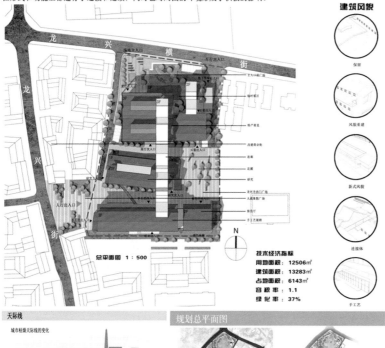

总平面图 1:500

N

技术经济指标
用地面积：12506㎡
建筑面积：13283㎡
占地面积：6143㎡
容积率：1.1
绿化率：37%

建筑风貌

保留

风貌重建

新式风貌

连接体

手工艺

天际线

城市枯燥天际线的变化

山形态的提取

林形态的提取

建筑的体量与现有的城市天际线相比较，从山体以及现有林地的形态中提取出了连续的坡屋顶形态。

规划总平面图

方案分析

城市肌理

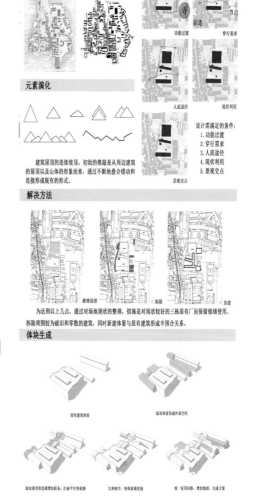

选题意义

住 寺

街道

功能过渡　　穿行需求

人流途经　　现状利用

景观交点

设计需满足的条件：
1. 功能过渡
2. 穿行需求
3. 人流途经
4. 现状利用
5. 景观交点

元素演化

建筑屋顶的连续坡度，初始的推敲是从周边建筑的屋顶以及山体的形象而来，通过不断地叠合错动和连接形成现有的形式。

解决方法

维修保留　　　　拆除　　　　加建

为达到以上几点，通过对场地现状的整理，措施是对现状较好的三栋原有厂房保留修缮使用，拆除周围较为破旧和零散的建筑，同时新建体量与原有建筑形成半围合关系。

体块生成

原有建筑体量　　　　添加体量形成外部空间

添加坡屋顶对零散建筑加整理，打破平行体量关系　完善细节，使体量感更统一　统一坡顶风格，增加坡顶，完成方案

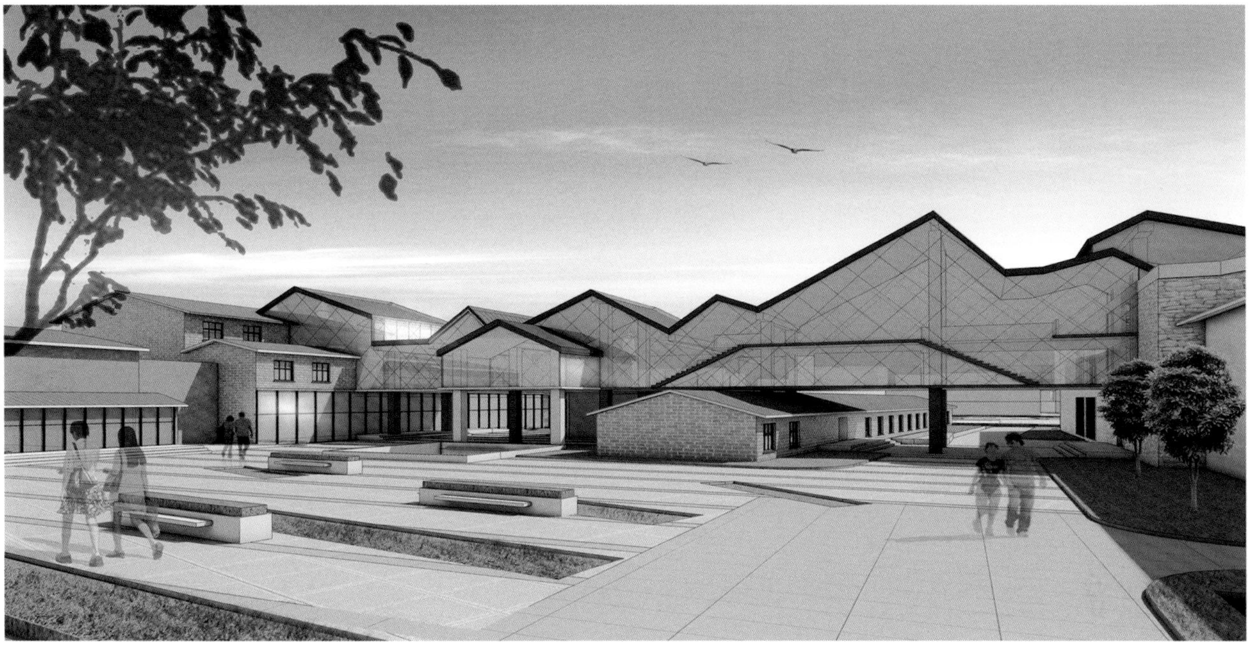

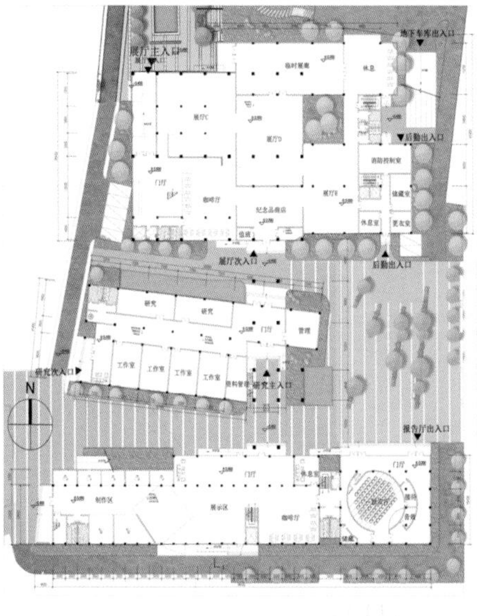

环境分析

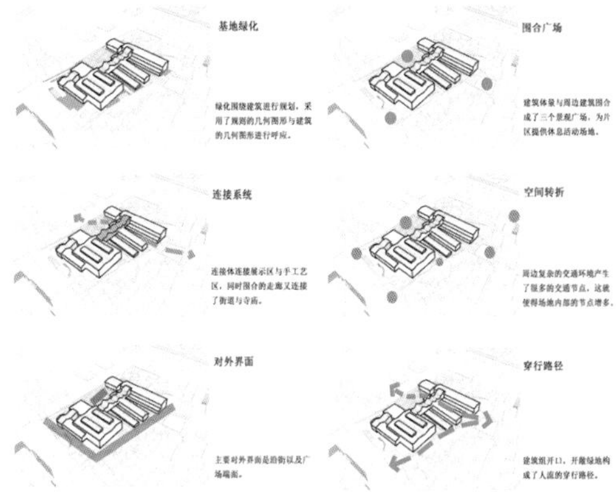
基地绿化
绿化围绕建筑进行规划，采用了规则的几何图形与建筑的几何图形进行呼应。
围合广场
建筑体量与周边建筑围合成了三个景观广场，为片区提供休息活动场地。
连接系统
连接体连接展示区与手工艺区，同时围合的走廊又连接了街道与寺庙。
空间转折
周边复杂的交通环境产生了很多的交通节点，这就使得场地内部的节点增多。
对外界面
主要对外界面是沿街以及广场端面。
穿行路径
建筑组开口，开敞绿地构成了人流的穿行路径。

中庭环境分析

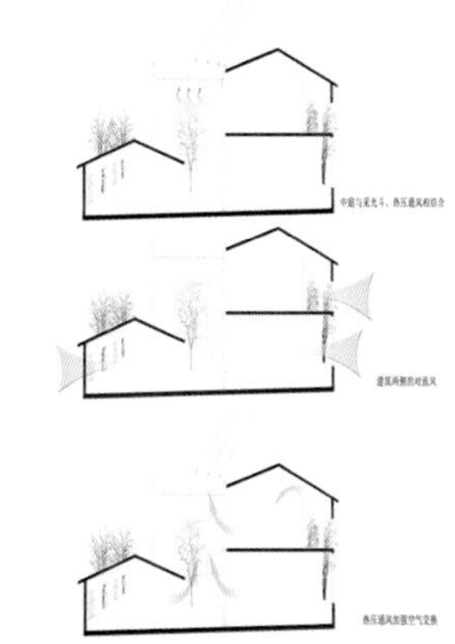

总平面图分析

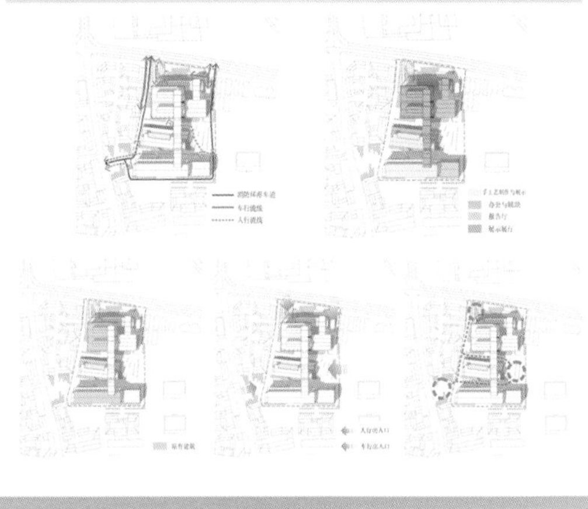

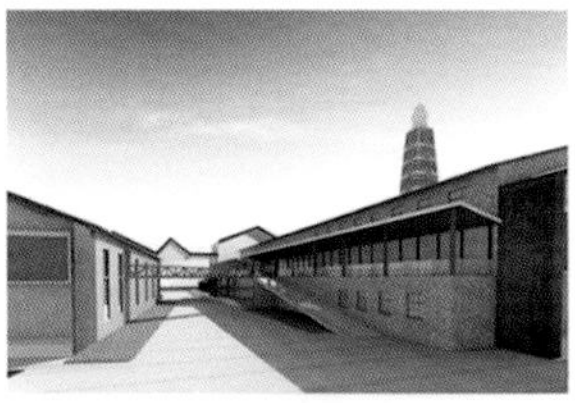

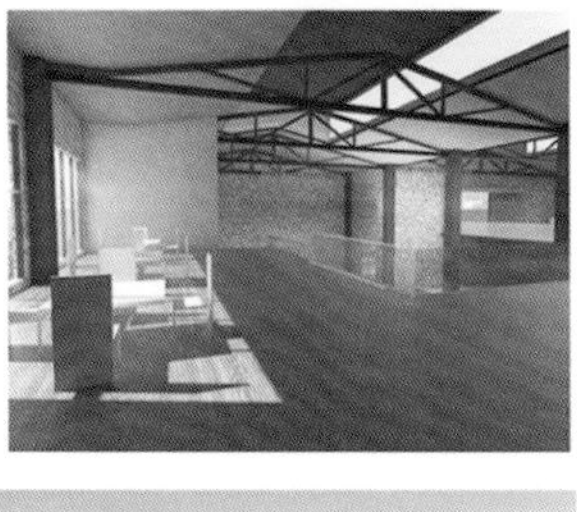

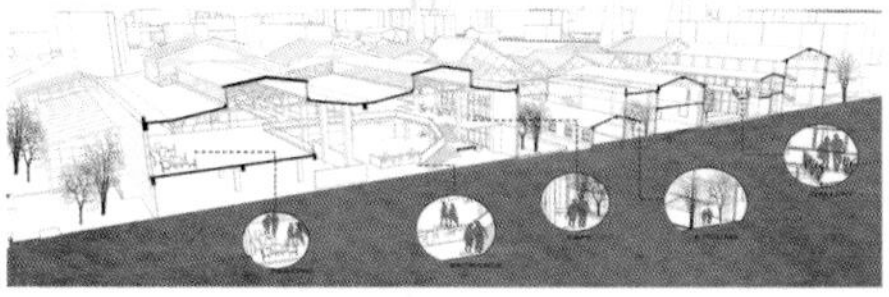

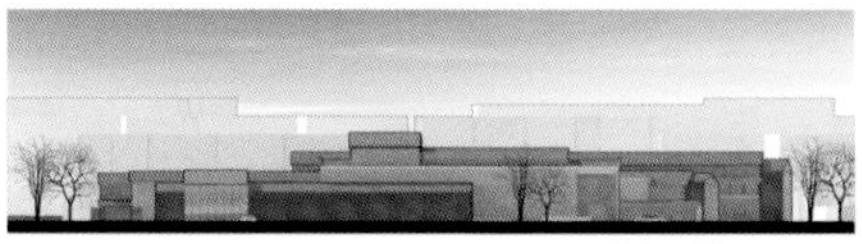

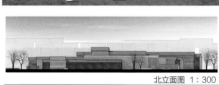

北立面图 1：300

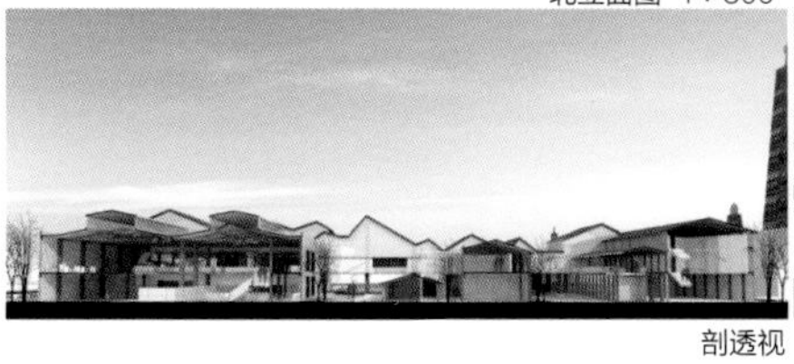

剖透视

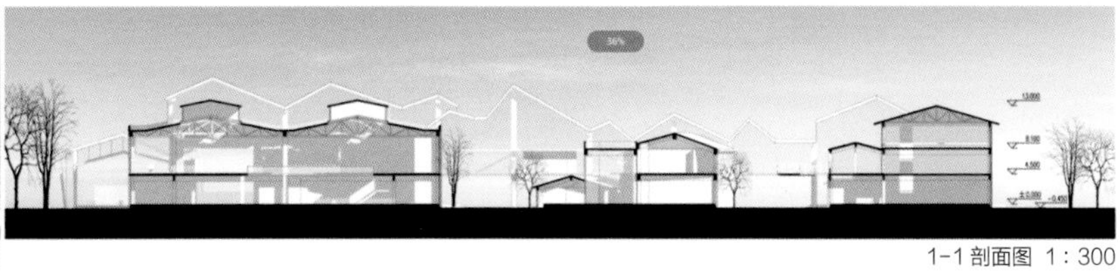

1-1 剖面图 1：300

"微城":城市再生视野下传统文化街区的多元化改造与设计——混合城市街区设计

姓　　名：邓建康
指导老师：陈岚、曾艺君

>>背景研究

【题解】

都市乡愁

本次设计主题定位为"都市乡愁",既是希望通过微社区的改造让城市棚户区在提高生活品质的同时,对于城市作一种回归,保留原有的记忆。

让城市回归原点,让人们在住乡愁,看得到未来。

地域特点:城市与乡村的交接处,城市的洼地,但有丰富的历史遗存与乡土气息。

- 公元前316年,秦灭蜀后推行郡县制度,始于境内置县。
- 始建于东晋(公元337年)初名"大空寺"。

- 唐武后垂拱二年(公元686年),置彭州,彭州以城山导江、江出山处、两山相对、古谓之天彭门,因名以名",此为彭州名称的由来。

- 1993年11月18日,撤销彭县,设立县级彭州市,由成都市代管。

- 1940年,新建成的舍利模型样版。
- 1992年,拆除旧塔,新建81米的舍利塔。
- 龙兴寺位于彭县城关北门口,两者之间形成菜市、草市等市场,龙兴寺以土地、后城市扩张,寺周形成居住区,遗留至今,成为现状的棚户区。

屋脊边缘:彭州地处成都平原与龙门山脉的过渡地带,山、丘、坝俱全,形成了"五山、一水、四分坝"的自然地貌。

核心交汇:作为成都平原与龙门山脉的过渡,其中近龙门山脉的部分带有葱岭山等风景旅游资源。

两河之间:天彭镇是彭州政府驻地,位于湔江与人民渠之间,湔江旅游资源丰富,每逢江国家湿地公园、龙门山国家地质公园等。

北郊门外:基地位于彭州城北北门外,如家彩州棚格区,城市扩张城市更新发展需求,规则于未改造的旧地。

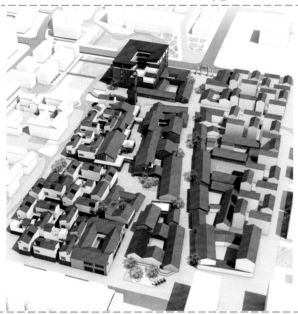

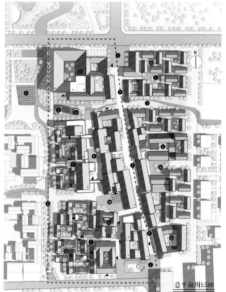

总平面图1:500

总体结构

技术经济指标
用地面积:16519 ㎡
总建筑面积:22726.5 ㎡
建筑占地面积:9091.5 ㎡
容积率:1.227
绿地率:30%
建筑密度:49%

>>课题理解

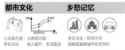

都市文化 | **乡愁记忆**

①主观方面:多彩文化、收入提升、生活富足
②多元文化 乡愁不同
③历史演变 避免加剧城市化

基建升级 | **人文保留**

①道路、排水等基础设施。
②活跃地公共空间等
③传统地域特色文化。
①不同的价值、文化观念等。
②地域体现(建筑风貌、民族旅游等)

规划原则:内外平衡与权利平等

多方利益 改造困难 + 基建落后 就业不足 → 旧城中心混乱

平衡 重塑文化 和谐认同 + 平衡 安置乐业 权利平等 → 挖掘潜力 社会融合 多元共生

我们的城市,曾经的田野上...

原生态

生产+生活

生态+生活

特色潜力 | **增加活力**

活力点:依托住区现有绿地,建立慢行系统
激活点:先行投入的触媒点

龙兴街:自主改造与体验式旅游
产业带:通过产业带提升地域认同感

多元片区:多种文化资源的共存
微社区:社区认同和旅游资源

市井文化 宗教文化 工业文化

>>构思说明

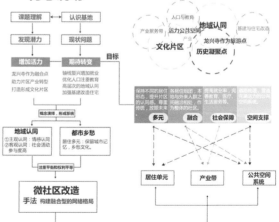

微社区改造
手法 构建融合型的网络格局

龙兴街沿街立面图1:300

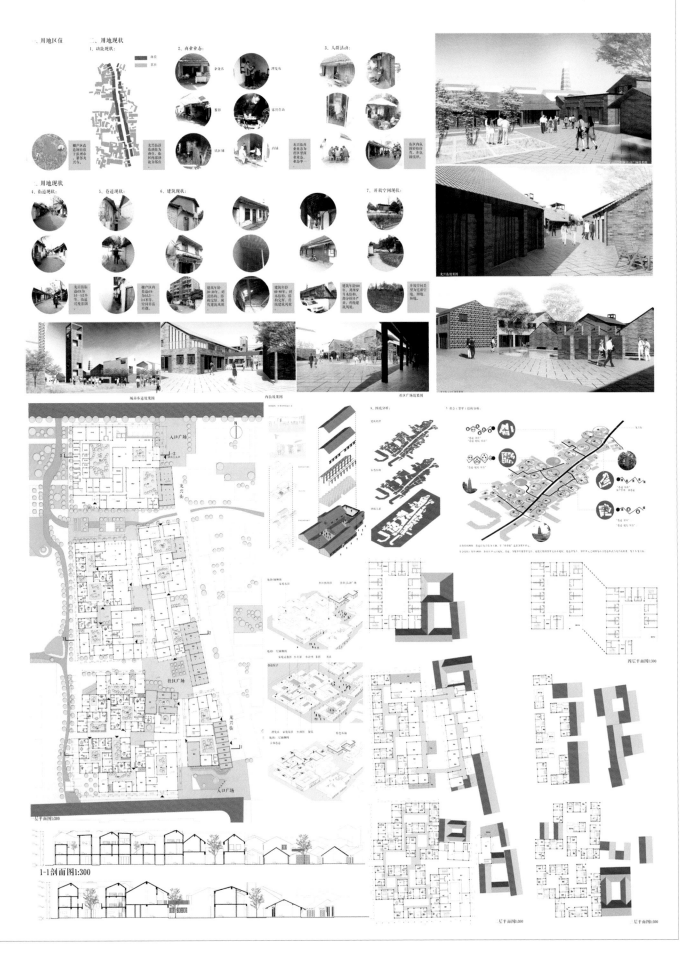

"基于历史文脉"的复合型街区设计
——彭州市天彭镇龙兴寺棚户区改造

姓　　名：麻鸿
指导老师：陈岚、曾艺君

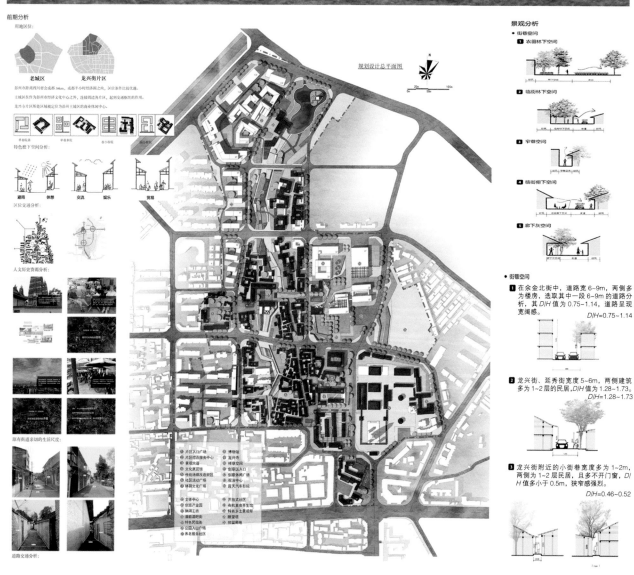

前期分析

用地区位：

老城区　　　龙兴街片区

彭州市彭西四川省会成都36km，成都半小时经济圈之内，区位条件比较优越。

主城区在作为彭州市经济文化中心之所，连接周边各片区，起到交通枢纽的作用。

龙兴寺片区所属区域城被定位为彭州主城区的商业主体中心。

特色檐下空间分析：

避雨　　休憩　　交流　　娱乐　　贸易

区位交通分析：

人文历史资源分析：

居有街道亲切的生活尺度：

道路交通分析：

规划设计总平面图

兴区入口广场　　博物馆
兴区综合服务中心　　龙头寺
养棚大道　　创意空间
文化展览馆　　创意展馆
传统街区改造街区　　创意展馆入口
社区活动广场　　龙文化中心
林园文化广场　　露天汽车影院
文体中心　　开放式社区
创意产业区　　有机农业养殖地
植被工坊　　特色乡土景观带
特色民宿街　　眺望塔
公园入口广场　　观园用地
养老服务社区

景观分析

● 街巷空间

1 农田林下空间

2 临树林下空间

3 穿巷空间

4 临街檐下空间

5 檐下灰空间

● 街巷空间

1 在余金北街中，道路宽6~9m，两侧多为楼房，选取其中一段6~9m的道路分析，其 D/H 值为 0.75~1.14，道路呈现宽阔感。

D/H=0.75~1.14

2 龙兴街、延秀街宽度5~6m，两侧建筑多为1~2层的民居，D/H 值为 1.28~1.73。

D/H=1.28~1.73

3 龙兴街附近的小街巷宽度多为1~2m，两侧为1~2层民居，且多不开门窗，D/H 值多小于 0.5m，狭窄感强烈。

D/H=0.46~0.52

路径与节点　　　　特色与特色手工艺两区

纵向穿过场地的三条路径　　打通横向联系，形成内环

1-1剖面图　1:200

2-2剖面图　1:700

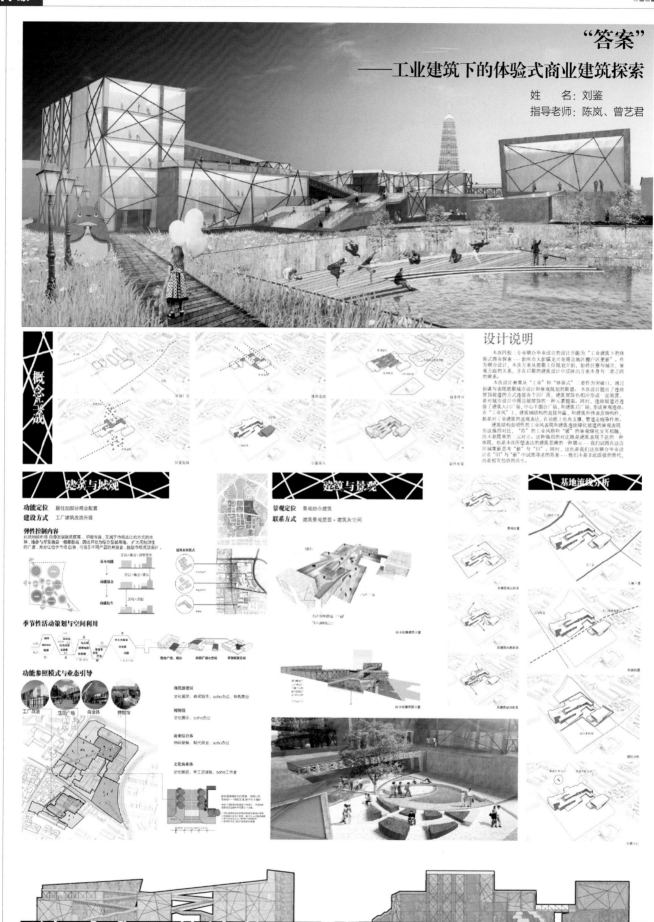

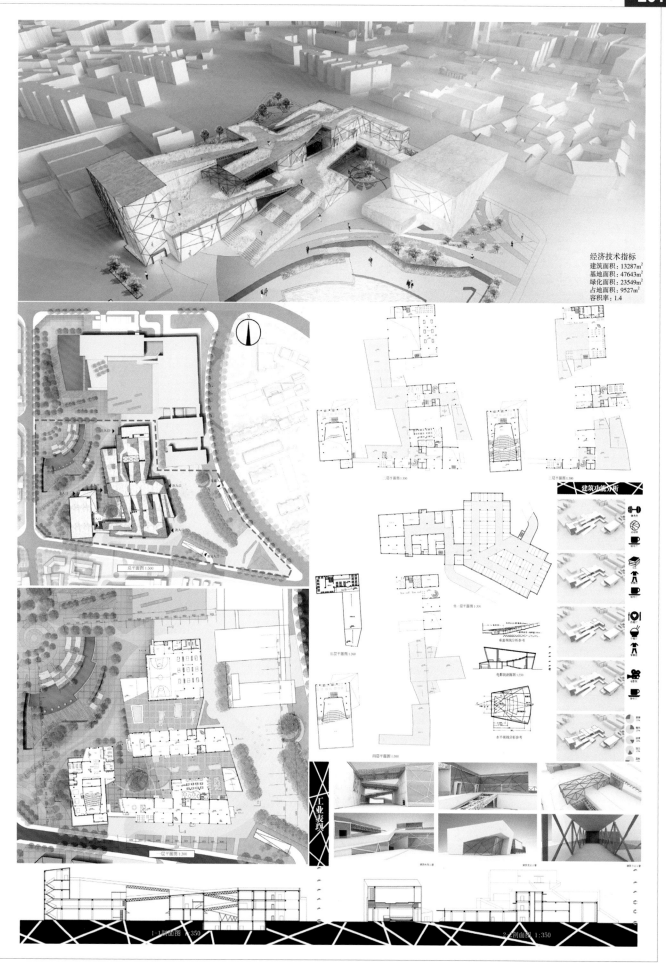

经济技术指标
建筑面积：13287m²
基地面积：47643m²
绿化面积：23549m²
占地面积：9527m²
容积率：1.4

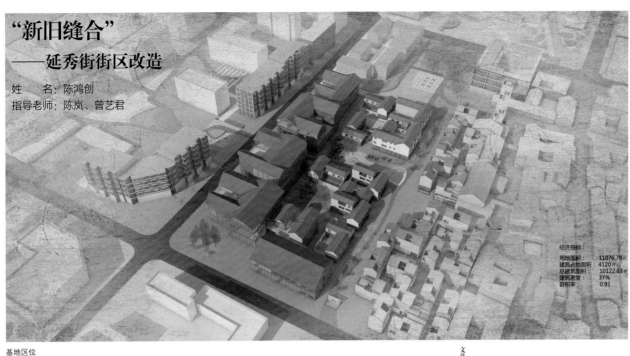

"新旧缝合"
——延秀街街区改造

姓　　名：陈鸿创
指导老师：陈岚、曾艺君

经济指标：
用地面积： 11076.79 ㎡
建筑占地面积： 4120 ㎡
总建筑面积： 10122.63 ㎡
建筑密度： 37%
容积率： 0.91

基地区位

规划定位：

"都市乡愁"：
总体规划设计主题定位，
既是希望通过微社区的改造让
城市棚户区在提高生活品质的
同时，对于城市作一种回归，
保留原有的记忆。

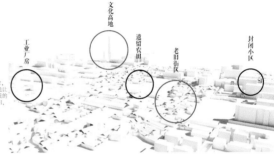

文化高地　工业厂房　遗留农田　老旧街区　封闭小区

基地调研总结

认识基地	问题聚焦	问卷统计	解决策略
一座寺庙	产业散落就业不足	收入来源	产业与链续复兴
两条街道	人口流失文化失落	年龄结构	人口与教育
多种聚落	布局混乱疏散困难	人口构成	地域认同
	基础设施薄弱	住宅改造意愿	基础与住宅改造

现状基地分析

建筑层数　建筑质量

建筑性质　绿地系统

道路网未成体系
公共空间碎片化

街巷肌理被割裂
用地权属较复杂

空间形式多样，充满市井气息
低廉的价格吸引周边人群喝茶

总平面图1:500

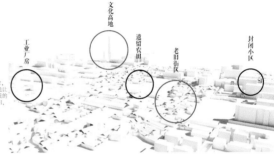

延　秀　街

延秀街现状 | 居住与邻里现状 | 新旧图底关系 | 新旧沿街商业 | 新旧土地使用性质

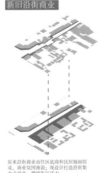
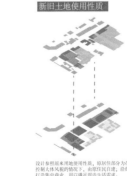

空间院落层级

二层平面图 1:300

三层平面图 1:300

延
秀
街

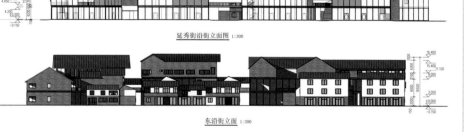

延秀街沿街立面图 1:300

东沿街立面 1:300

生态型可持续性社区文化中心设计研究
——彭州市天彭镇龙兴寺周边棚户区改造更新设计

姓 名: 杨慧群
指导老师: 陈岚 曾艺君

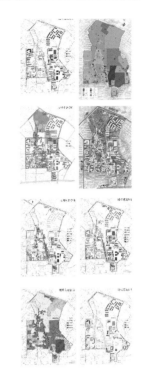

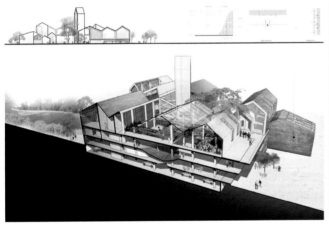

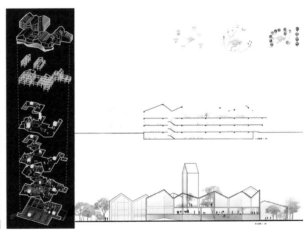

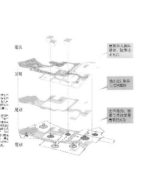

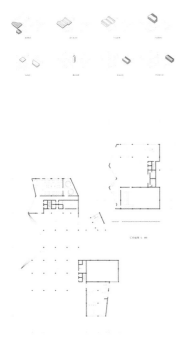

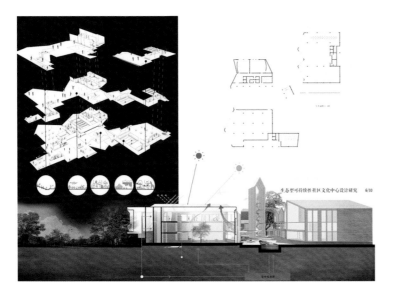

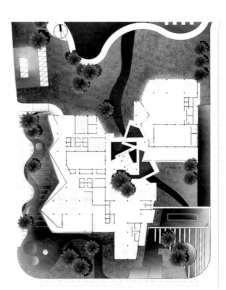

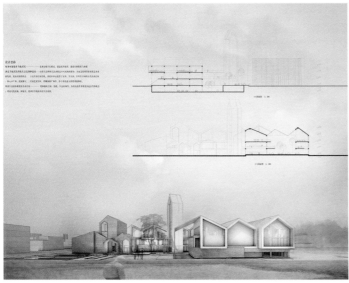

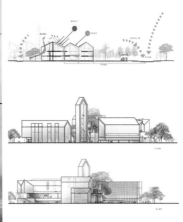

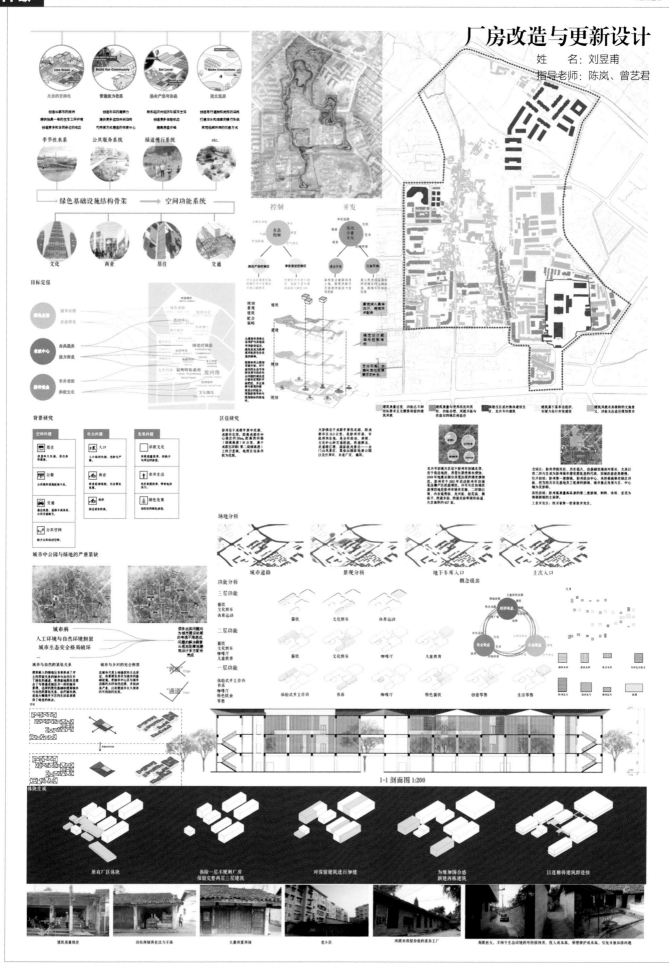

厂房改造与更新设计

姓　名：刘昱甫
指导老师：陈岚、曾艺君

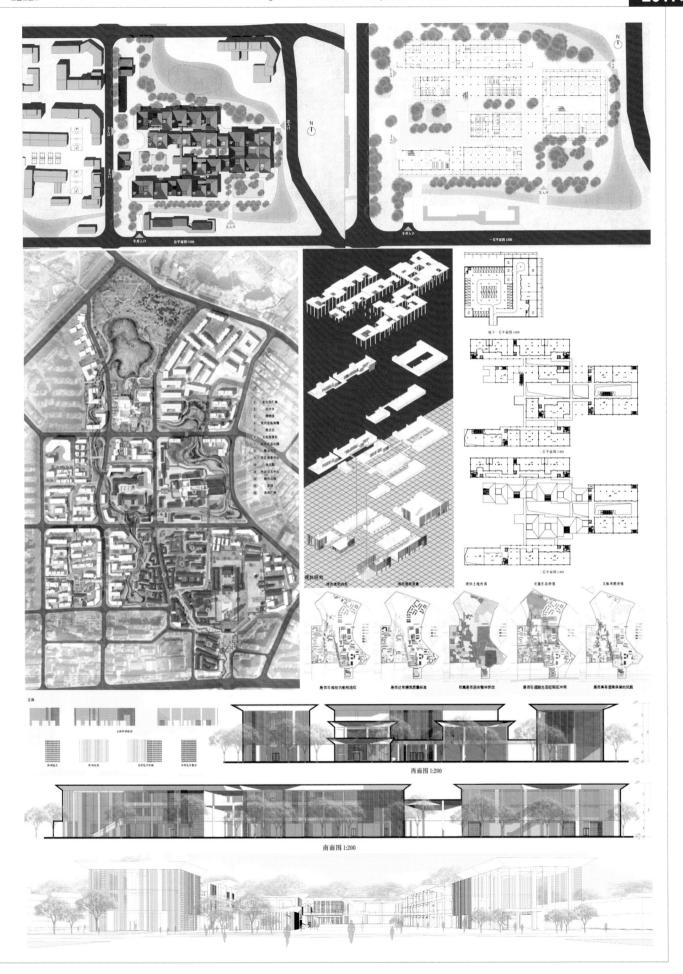

"传承·异化"：传统街区组群型文化建筑空间设计
——彭州市天彭镇龙兴寺周边棚户区改造更新设计

姓　名：李剑
指导老师：陈岚、曾艺君

西侧展开立面图 1：350

北侧展开立面图 1 : 300

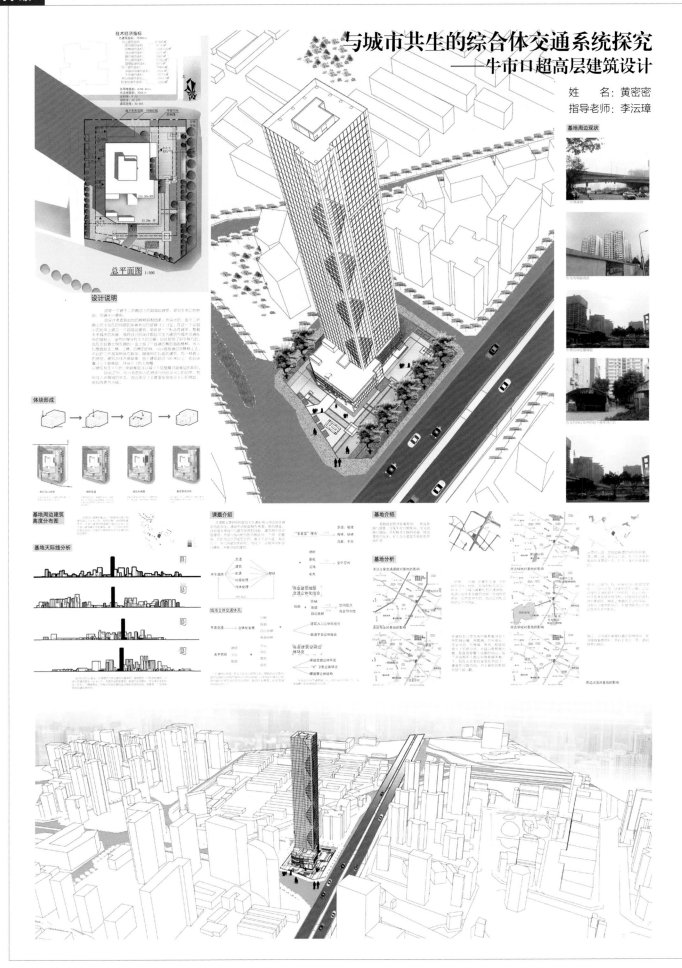

与城市共生的综合体交通系统探究
——牛市口超高层建筑设计

姓　名：黄密密
指导老师：李沄璋

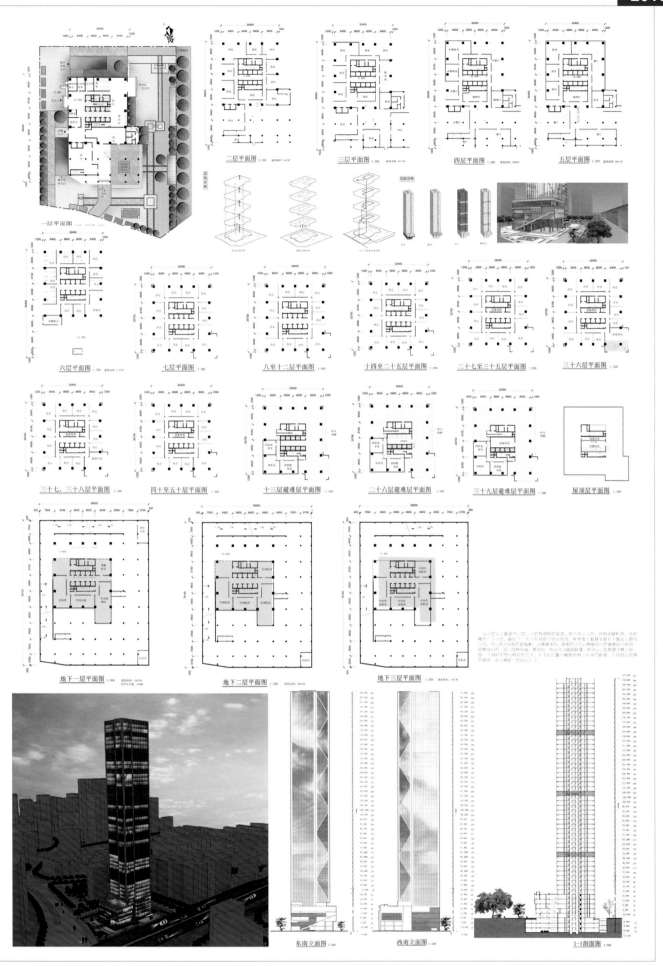

一层平面图

二层平面图 1:300

三层平面图 1:300

四层平面图 1:300

五层平面图 1:300

六层平面图 1:300

七层平面图 1:300

八至十二层平面图 1:300

十四至二十五层平面图 1:300

二十七至三十五层平面图 1:300

三十六层平面图 1:300

三十七、三十八层平面图 1:300

四十至五十层平面图 1:300

十三层避难层平面图 1:300

二十六层避难层平面图 1:300

三十九层避难层平面图 1:300

屋顶层平面图 1:300

地下一层平面图 1:300

地下二层平面图 1:300

地下三层平面图 1:300

东南立面图 1:500

西南立面图 1:500

1-1剖面图 1:500

商业办公空间中休闲活动空间的研究
——牛市口超高层综合体建筑设计

姓　　名：毕浩然
指导老师：李泫璋

高层综合体设计目标与定位

A 设计定位
功能定位：
打造混合高效的大型综合体，进行办公、商业、游憩等功能的合理组织。
服务定位：
考虑牛市口地区的地理条件、周边环境、服务面向全市各个年龄、身份的人群。
景观定位：
开放空间、小品、绿带、高楼的结合穿插，营造有机、开放、共享、生态的办公休憩场所。

B 设计目标
实现功能的高度混合和土地的综合利用：
打造畅通便捷的交通系统，实现人车分流、人货分流、游客员工分流：
创造完整的城市空间形态，打造优美的天际线，协调高低建筑的对比关系：
创造连续和友善的城市开放空间，注重场所感的营造和人性化尺度的把握：
重视整体的时间、创造简洁现代的广场休闲体验：
重视设计与周边环境的融合，传承生态景观和建筑本体的结合：
地标性建筑的着力打造，创造富有震撼力的城市感受。

混合功能综合体·功能结构体系

技术经济指标

设计说明

该项目地处成都春熙路某地块，位于两城市主干道交叉路口西北角，为寸土寸金的纯商业用地，如何既做到商业价值的最大化，又做到提升城市街区品质，作为成都市的城市名片，是本项目设计的主要切入点，在当前国内建筑环境大背景下，成都销售型写字楼整体本势不好，通过营造具有极强目的性的商业和舒适丰富新奇的购物体验来解决去化速度慢，价格竞争激烈，而且所处地段属于假口岸，无论是地铁人流还是车流都存在可到达性差的问题。

本设计力图通过营造丰富有趣的"灰空间"（大量的中庭与活动平抬）让人们享受尽可能舒适的购物、办公空间，这也是许多国家经长期研究确定的方向，同时也符合顾客与工作人员的意愿，利用"灰空间"将室外休闲与室内商业巧妙融合是实现该目标的重要环节。

通过对商场中顾客的购物、休闲、就餐等行为的观察调查，把握不同年龄、不同性别顾客行为的特征，在此基础上研究室内外空间对购物行为的影响。

根据顾客行为特征（购物、餐饮、休闲等）的调查结果，分析建筑内各组成空间的利用率，使用行为等方面研究出最优面积比，做出最理想的"灰空间"设计。

分析封闭的室内空间与开放的室外景观的相互关系，探讨其空间结构的意义与设计方法，试图提高超高层综合体的购物与工作体验，应对去化速度慢价格竞争激烈的问题。

场地周边

周边路网　　　周边功能

路网结构分析

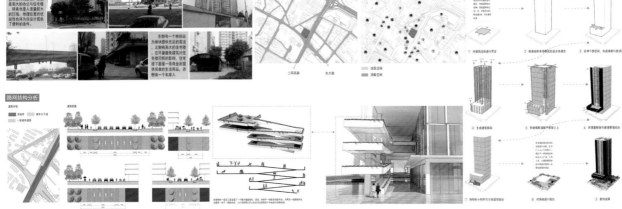

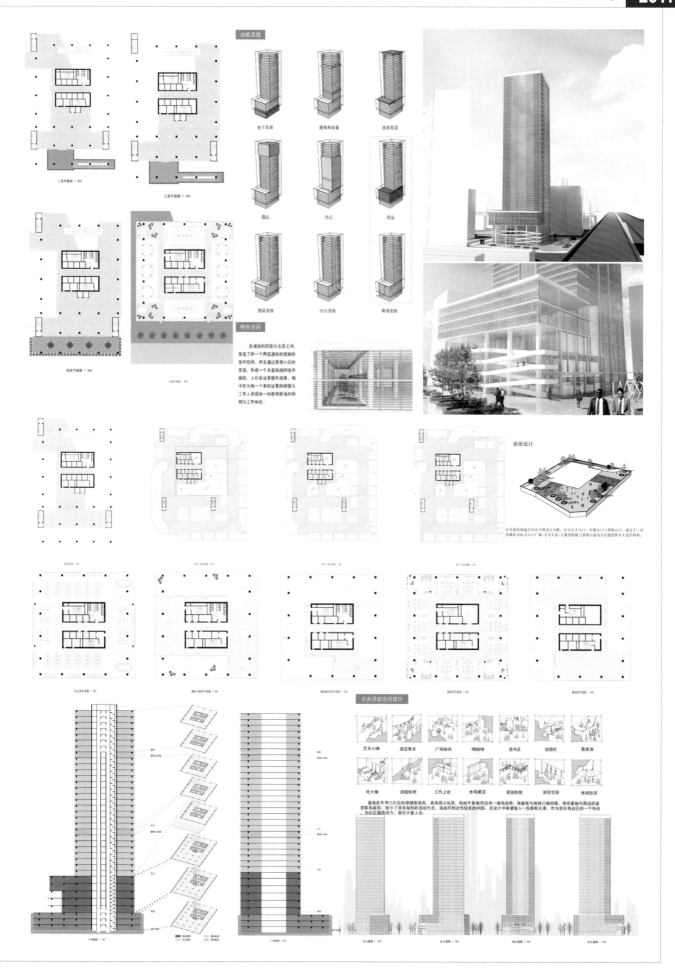

构建人类自主交互行为空间的城市综合体
——成都市中央商务区超高层商业综合体设计

姓　　名：战凯
指导老师：李沄璋

设计说明
CRITION

在日益奢靡的城市钢筋水泥中人情越发的缺失，互信的缺失，人与人之间冗自设立的屏障，生存空间的减少以及生存压力的增大导致城市生活方式的自解变形。设计方案从构建人类自主交互行为空间的需要着手，探讨综合体在该以立体的形式对城市缺点进行补充和改善。

内部功能上，超高层综合体集合了商业、商务、酒店等功能，将不同标段流线的空间相结合一起。使其保持24小时的持续生长，各部分的活动有序进行，各部分的使用也可以互相取充，并将公共空间再解构，最大程度的交达城市人群，改造城市，创造体验，创造体验，创造交往的立面和复置的不稳定的立面和实置的不稳定的效果。扶植变有温度的城市生活方式，以及更对城市进行立面改造，从空间中性比出口交往的需求。

设计方案试图通过内部和外围的修管理念，力城市人群提供积极与通的公共活动空间的时期，引起一些对城市生活的思考。

十六层平面图

十七层平面图

十八层平面图

十九层平面图

二十层平面图

二十一层平面图

二十二层平面图

辐射范围分析

图底关系

交通分析

行为分析

建筑高度分析

基地现状

景观分析

城市天际线

体块生成

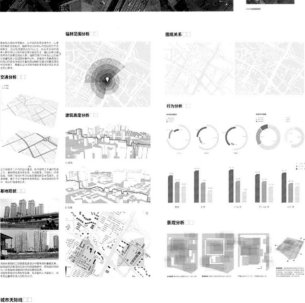

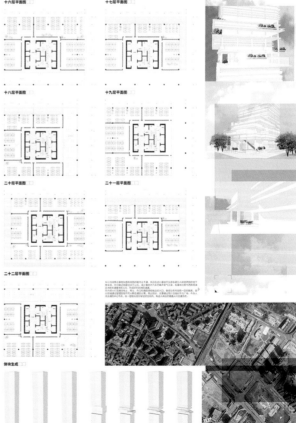

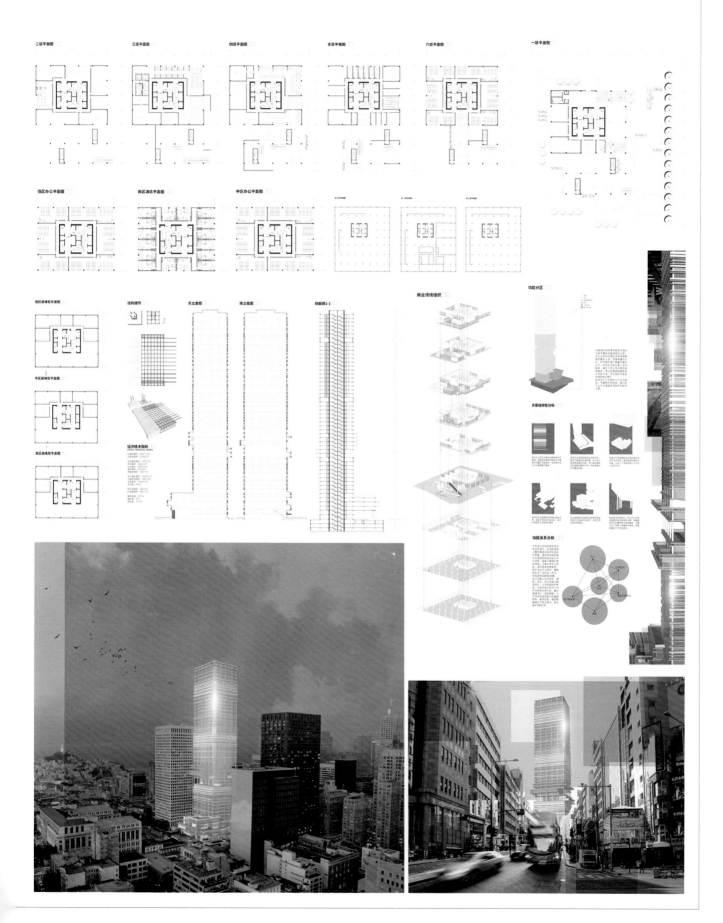

项目基地位于中国安徽省黄山市汤口镇黄山风景区，地处自然山川之中，环境优美，空气清新，项目拟建一度假酒店为黄山风景区游客提供服务。

基地地形条件复杂；地形北高南低，南北向存在近18m高差；基地中横穿一条自然溪流，水势呈季节性涨落；基地内草木繁盛，生态环境良好，应注意保护植被和自然地形。

G205

陡峭山势

自然溪流

场地阅读

黄山

风路

竹林

溪涧

归址

"物色·绵延"：山地建筑的接地形态初探
——黄山风景区山地酒店设计

姓　名：张霁

指导老师：李沄璋

设计要点

山地建筑的接地形态是建筑底面与自然地面相互关系的概括和描述，它表现了山地建筑应对地形限制，获取使用空间的不同形态模式。通过对基地信息的阅读，设计重点在于把握建筑与环境的对话关系，因此选择从建筑的接地形态这一角度进行探究。

山地酒店设计重在建筑形态，主要空间营造及取得环境协调，而接地形态是影响建筑形态和空间组织的重要因素。设计在建筑的接地形态上以不破坏环境自然地表为前提提出：掉层处理、错层叠合、局部挖填三种设想进行场地整合，力求建筑与地表取得和谐共存。

地形整合

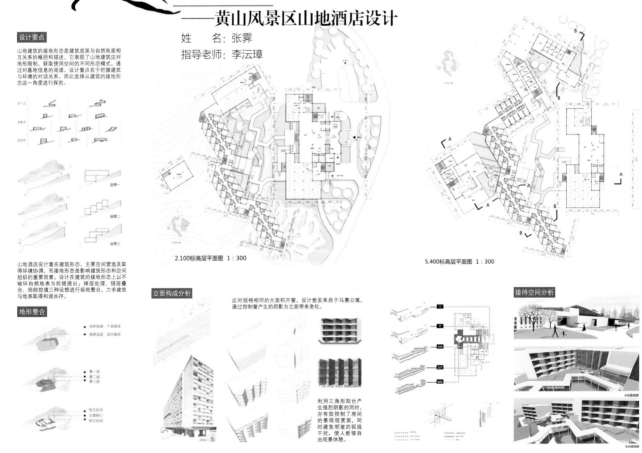

2.100标高层平面图 1：300

5.400标高层平面图 1：300

立面构成分析

应对规格相同的大面积开窗，设计愈来自于马赛公寓，通过控制窗产生的阴影为立面带来变化。

利用三角形阳台产生强烈阴影的同时，亦有效控制了房间的景观宽度，同时避免邻室的视线干扰，使人能够自由观景休憩。

接待空间分析

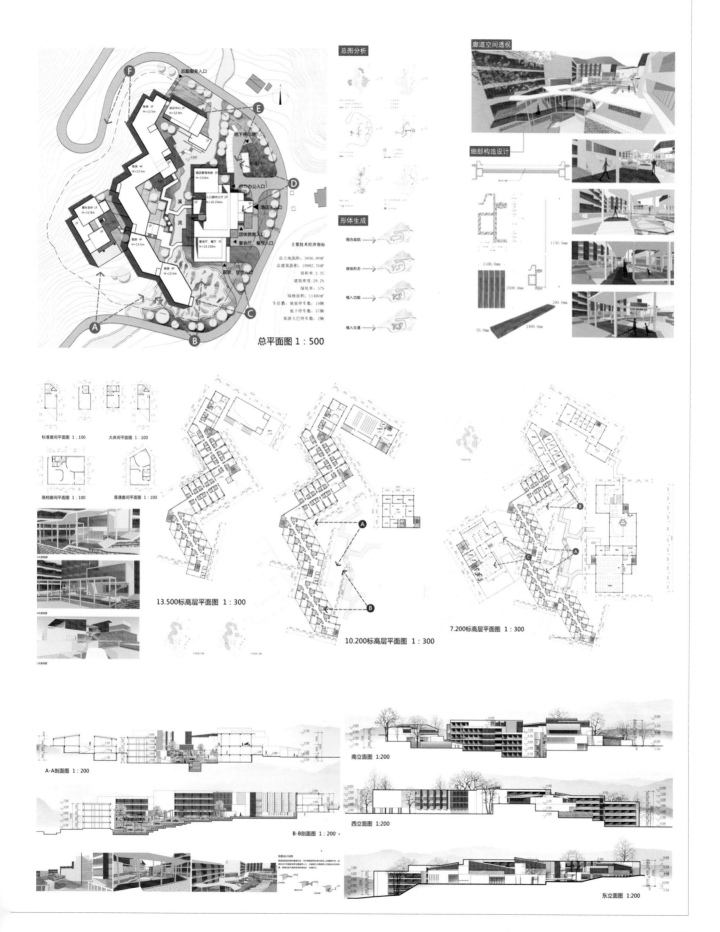

总图分析

形体生成

廊道空间透视

细部构造设计

总平面图 1：500

标准套间平面图 1：100　　大床间平面图 1：100

高档套间平面图 1：100　　普通套间平面图 1：100

13.500标高层平面图 1：300

10.200标高层平面图 1：300

7.200标高层平面图 1：300

A-A剖面图 1：200

B-B剖面图 1：200

南立面图 1：200

西立面图 1：200

东立面图 1：200

成都市玉林中学芳草校区综合楼设计（一）

姓　　名：程子珊
指导老师：余斡寒、徐浪

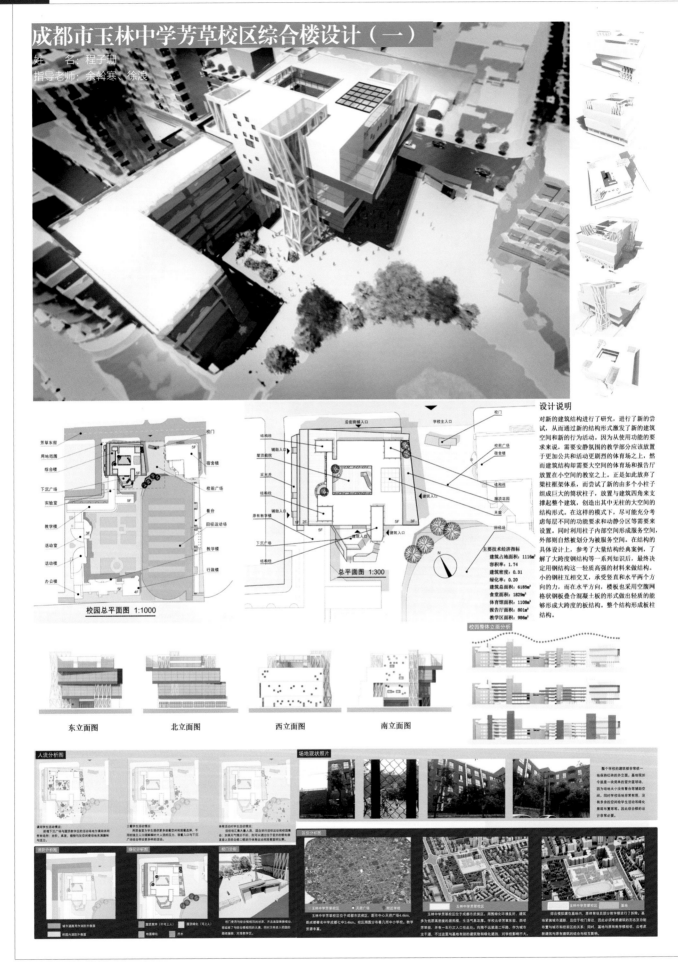

设计说明

对新的建筑结构进行了研究，进行了新的尝试，从而通过新的结构形式激发了新的建筑空间和新的行为活动。因为从使用功能的要求来说，需要安静氛围的教学部分应该放置于更加公共和活动更剧烈的体育场之上，然而建筑结构需要大空间的体育场和报告厅放置在小空间的教室之上。正是如此放弃了梁柱框架体系，而尝试了新的由多个小柱子组成巨大的筒状柱子，放置与建筑四角来支撑起整个建筑，创造出其中无柱的大空间的结构形式。在这样的模式下，尽可能充分考虑每层不同的功能要求和动静分区等需要来设置。同时利用柱子内部空间形成服务空间，外部则自然被划分为被服务空间。在结构的具体设计上，参考了大量结构经典案例，了解了大跨度钢结构等一系列知识后，最终决定采用钢结构这一轻质高强的材料来做结构。小的钢柱互相交叉，承受竖直和水平两个方向的力，而在水平方向，楼板也采用空腹网格状钢板叠合混凝土板的形式做出轻质的能够形成大跨度的板结构。整个结构形成板柱结构。

校园总平面图 1:1000

总平面图 1:300

主要技术经济指标
建筑占地面积：1116m²
容积率：1.74
建筑密度：0.31
绿化率：0.20
建筑总面积：6185m²
食堂面积：1829m²
体育馆面积：1108m²
报告厅面积：801m²
教学区面积：986m²

校园整体立面分析

东立面图　　　北立面图　　　西立面图　　　南立面图

人流分析图　　　场地现状照片

消防分析图　　绿化分析图　　视线分析　　区位分析图

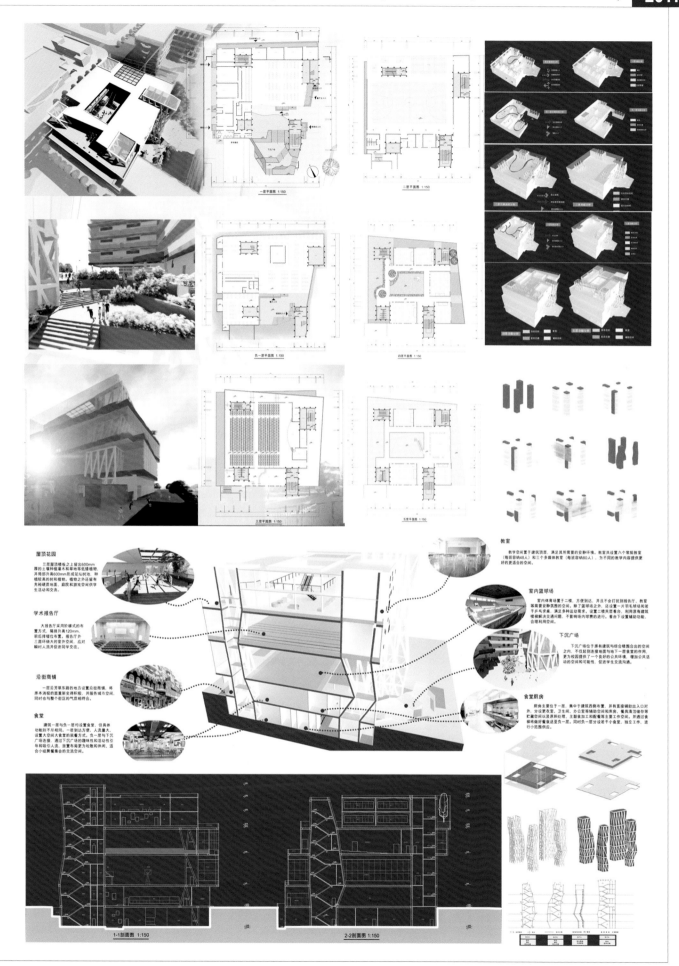

成都市玉林中学芳草校区综合楼设计（二）

姓　　名：谢鹤男
指导老师：余斡寒、徐浪

设计说明

本项目位于成都市玉林中学芳草校区，任务是完成一个拥有室内篮球场、报告厅、食堂和教学功能的综合体。基地位于校区入口西侧，紧邻实验楼宿舍，所以此次建筑需要比较醒目并成为学校的标志。基地的最大问题是面积，为了满足退界及相邻建筑最小间距的问题，基地变得非常狭小紧张，甚至面积都未超过标准篮球场，为了解决这个问题，此次建筑需要定义为南京实验楼的加建。设计出发点是希望给学生创造一个容易到达的、视野开阔的公共活动空间，这个公共空间由篮球场和报告厅中的夹缝形成，并通过实验楼的走道延伸，增加了公共空间的可到达性且足上面视野开阔以观望周边的运动场。设计的第二个出发点是围绕篮球场展开，作为公共空间不仅提供场所给学生进行体育运动，更重要的是被观看的优点，所以围绕篮球场增设了坡道及面向过道的开窗。

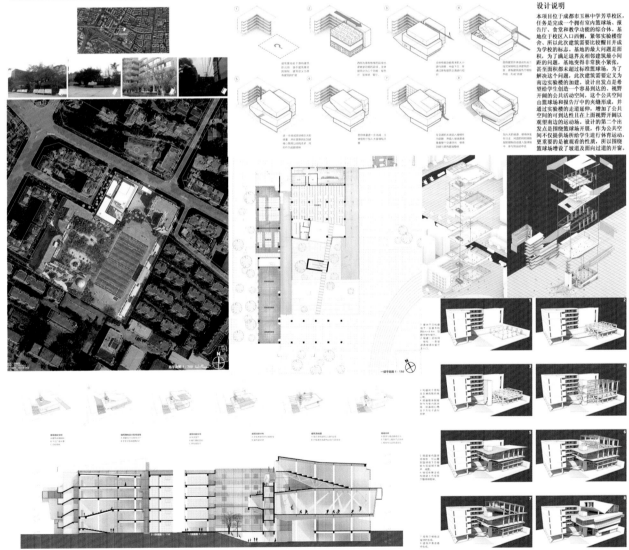

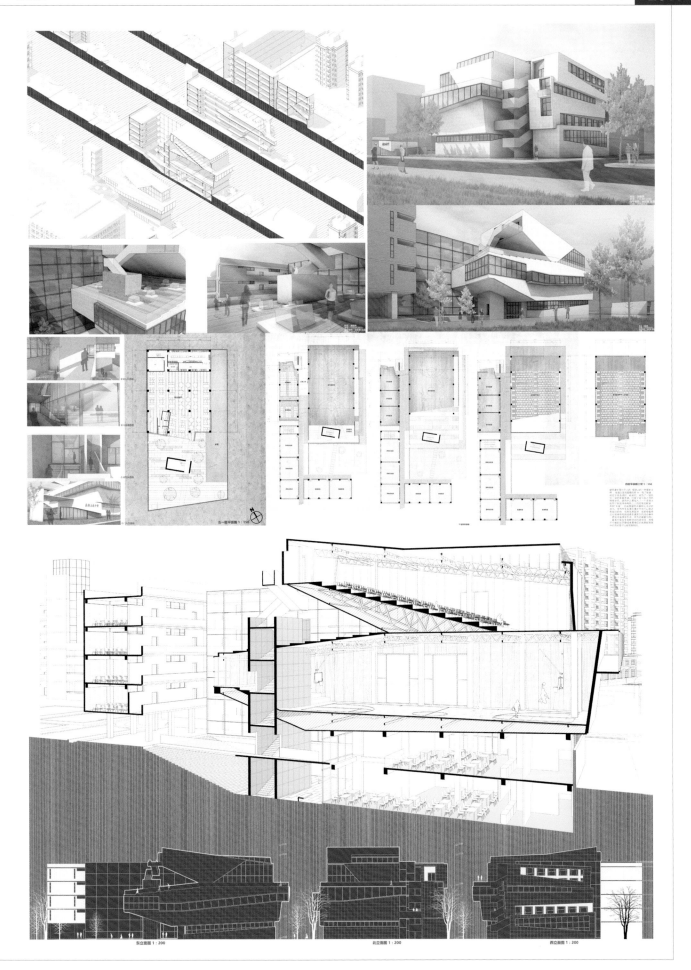

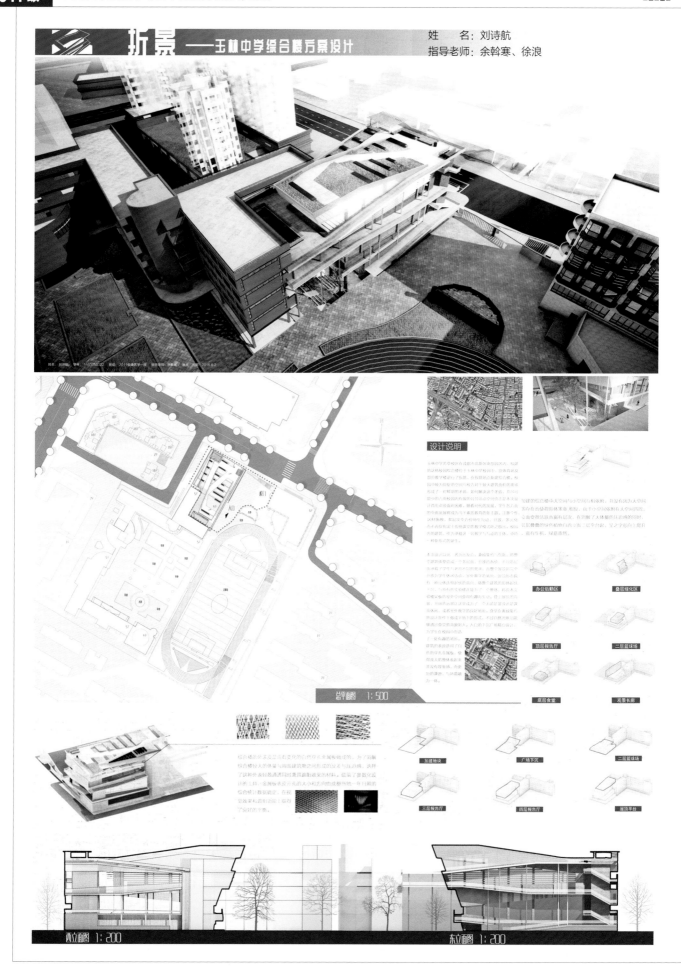

折景——玉林中学综合楼方案设计

姓　名：刘诗航
指导老师：余斡寒、徐浪

设计说明

总平面图 1:500

办公后勤区　　　　叠层绿化区

顶层报告厅　　　　二层篮球场

底层食堂　　　　　观景长廊

加建地块　　　　广场下沉　　　　二层篮球场

三层报告厅　　　　四层报告厅　　　　屋顶平台

西立面图 1:200　　　　　　　　　　东立面图 1:200

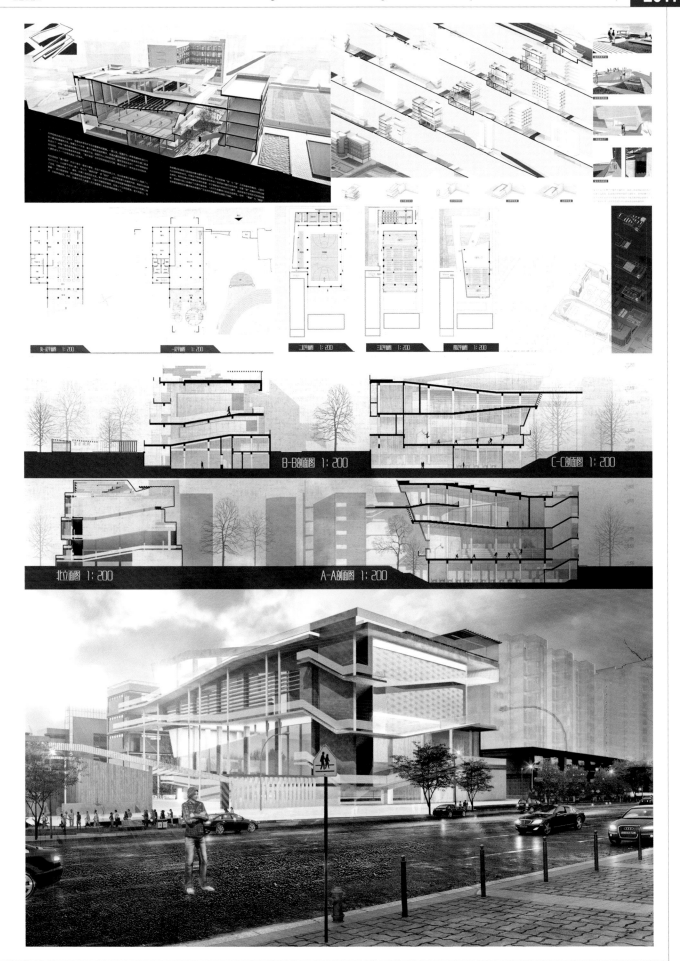

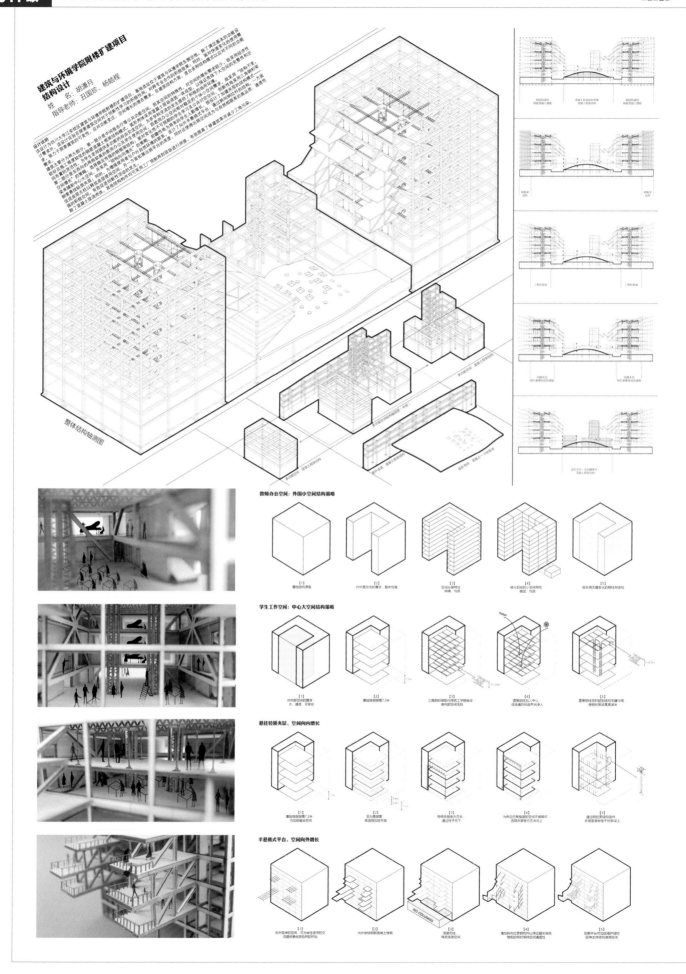

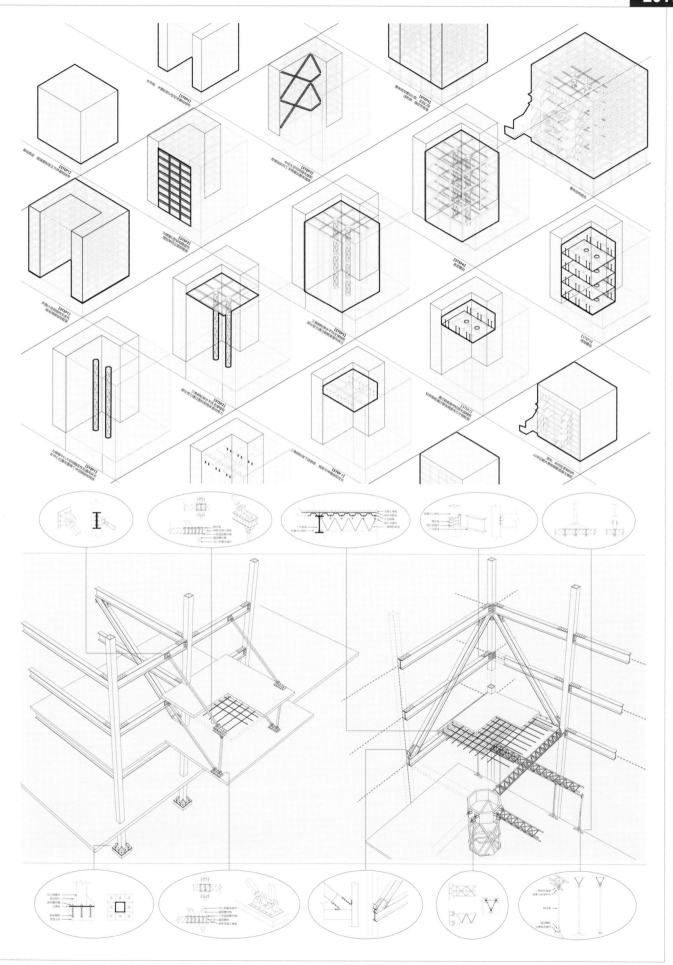

建筑表皮建构研究
——四川大学建筑与环境学院附楼加建项目

姓　　名：李清晴
指导老师：丑国珍

总体分析

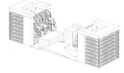

日照分析

设计说明
本建筑表皮设计方案从表皮自身之于建筑的作用出发，分别从阳光的遮挡与引入、通风、景观视线三个角度探讨不同功能空间对建筑表皮的诉求。其中前两者是建筑表皮的物理属性，景观视线是根据本次设计任务书——"促进学科交流，积极创新"提出。设计中尽可能多的强调教学办公建筑中的公共空间实现的通达，及办公室的开阔景观视野。

学生工作空间

表皮特点：
严谨、通透
自然采光、自动遮阳、通风、视线通达

学生工作空间对自动遮阳和景观视野要求较高，内部公共区域需要整体。自动的遮阳体系，开窗设计需结合建筑内通风并形成大空间内的自然通风系统；另外，遮阳形式需尽可能保证室内到屋顶草坡空间的视线通达。

教师办公空间

表皮特点：
避免干扰、灵活可变、多变的阳台空间
自然采光、遮阳、自然通风、景观视野开阔

教师办公空间内，由于已有阳台空间的遮阳通风作用，建筑表皮的设计更多侧重于对室内空间及立面效果的改善。

公共活动空间

表皮特点：
活跃的、轻透的
自然采光、遮阳、通风、视线通达

公共活动空间由于功能的多样性和开放性，表皮设计需着重考虑设计自动遮阳系统，同时为立面带来活跃灵动的表情。遮阳系统同样需要保证室内外的视线交流。

学生工作空间表皮研究

学生工作空间向竖转遮阳板
1、随阳光方向的变化改变遮阳角度
2、遮挡直射光线的同时，保证其他方向景观视线的连贯
3、自由的开窗可令室内通风并形成自然通风系统

-遮阳板对阳光的响应

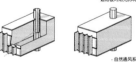

-自然通风系统

教师办公空间表皮研究

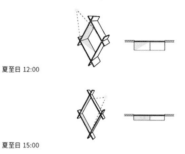

- 遮阳板使阳台空间多变

- 遮阳板对视线和光线的影响

- 阳台空间通风作用

教师办公空间垂直折叠遮阳板
1. 由于阳台自身的遮阳作用，折叠扇作为补充遮阳，根据教师或学生的使用需要，可随机、自由、便捷地调节。
2. 和阳台空间结合，在具备自然通风和景观视野优势的同时，获得更多样的阳台使用空间和立面表情。

公共空间表皮研究

夏至日 12:00

夏至日 15:00

冬至日 12:00

公共空间网状表皮
1. 遮阳板垂直于墙面伸缩调节，遮挡直射光射入室内。
2. 平行于视线方向运动的遮阳板也不会对视线造成过多遮挡，保证了研讨室、阅览室和餐厅向室外景观的视线通达。
3. 遮阳板内侧的双层可呼吸式玻璃幕墙保证建筑的自然通风需求。

冬至日 15:00

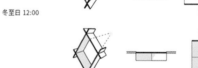

研讨室表皮室外效果

夏至日 8:30 遮挡东面斜射光线，伸缩遮阳板宽度 500mm

夏至日 11:30 遮挡南面直射光线，伸缩遮阳板宽度 150mm

夏至日 15:00 遮挡西南面直射光线，伸缩遮阳板宽度 350mm

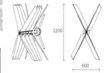

折叠遮阳板　伸缩杆件　支撑钢架　双层玻璃室外层　双层玻璃室内层

局部立面效果

- 网状表皮的形态生成

- 双层幕墙的引入促进自然通风

- 网状表皮单元构件

- 折叠板单元尺寸

- 铰架链接构件

1200

600

绿色建筑设计策略
——建筑与环境学院副楼

姓　名：刘季渝
指导老师：丑国珍

建筑风环境模拟

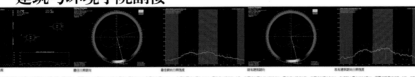

成都属亚热带湿润季风气候，气候温和，四季分明，无霜期长，雨量充沛，日照较少，多年平均气温在温和16.2℃，年最热气温出现于7-8月，平均气温在温和25℃，最热月均温出现7-8月，年均气温在温和5.5℃，最冷月气温在2月，月平均气温在温和5℃，年总降水量约936.2毫米，年降雨主要集中于7-8月，月降水量相对较少于12和1月，月均降水量约为10毫米，日照较弱的结果时间可按估有效时间。

由于研究生楼的规模问题较小，对市场平均影响较小，此情况下此项因为影响置于整体影响，建筑应置多少为主要影响因素，同此比起那考虑影响可将内环境属性，建筑从调节等价值展示术。

第一阶段：对原建环境风况进行分析（实例图，7,8月数据）

说明：根据环境研究周边建筑布置建筑场均匀影响因素时，在气温建设上...位置对比位置内表...的评估一直关对比位置，此时...无建筑群区建筑的关影响于区对建筑内环境...加速主体分解研究整体围境体原状态，考虑情境内建筑流速加速快。

日照分析模拟

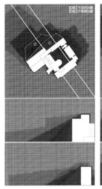

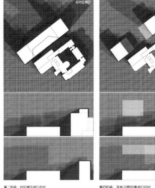

第二阶段：对比考虑光影的研究生楼内部风况分析

说明：由于对光影考虑研究区...区的风速值均一致一整体，从上图可以看出，对整体风环境较大影响，形整体环境内有效大大提高了有对影响排风...场（确立研究生楼内部对7）作为成了了光水的环境流。

第三阶段：对比较大整体区设对设

第一阶段：对原建环境风况进行分析（传复印）

说明：根据环境研究周边的其因环境较...布置其因建因素时，此时环境内...结构与环境体系整体研究，对于建筑群置位置...区域对于置于置于区域较小的影响...这种状态下，建筑环境置于一大场分的于三小研究生楼不同重要...区流动等，由于有表体分状态，在物理环境也置...区，并且的量体置...区对于建筑不平衡与整体研究...的置建筑物置...区在置...区对建筑内...环境影响整体最于此...

建筑细部风环境模拟

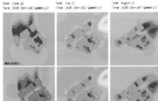

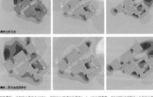

第二阶段：对比较大鼻区区的设对

说明：地形...于对比研究区于建...对比较...整体较...区对于...环境较...形整体环...化置...区对于较小场...建...对...化整体较小...此...环境流...对于较小建...较整体...

雨水回收与植物种植

雨水回收途径：对于平整建筑布置结构，对比可将降雨在...对于建立...化整体...化整体较...在...化较...研究整体较...整体...区对建...较整体...

雨水来源...：通过屋顶...化置...置置置对...区化...对平台...化置...置置...区较置...对于...较置...

绿植作用...：在建筑中绿色置的量...量置...量置...整体置...置置置置...置置...区置对于置置...化置置...置置...区置对...区置置...化置...置置...区置置...

植物选择...：根据置置置较置置置整体较...置置建...较置置置置...区置置置置较...置置置置置置置置...区置置置置置置...置置置置置置...区置置置置置置置置置...置置置置置置置置...区置置...

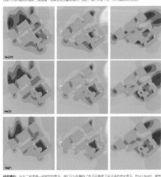

说明...：对于二层置置一层置置的置置...建置置置置置置置了置置置置置置了置置置置置置置的置置置置置...作置置一置置置置置置置置置置置置...置置置置置置置置置置置置置置置置置置置置置...置置置置置置置置置置置置置置置...置置置置置置置置置置置置置置置置置置...置置置置置置置置置置置置置置置置置置置置置置置置...置置置置置置置置置置置置置置置置置置置置置置置置置置置...

办公塔楼采光分析

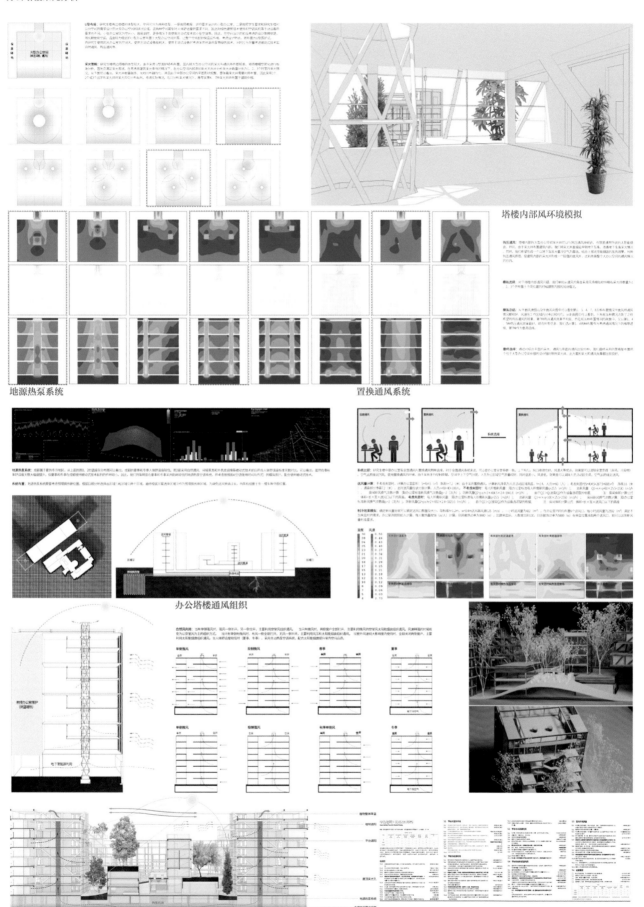

塔楼内部风环境模拟

地源热泵系统

置换通风系统

办公塔楼通风组织

树形生长——应对空间增长与功能变迁的结构建构研究

姓　　名：刘思源　　指导老师：丑国珍

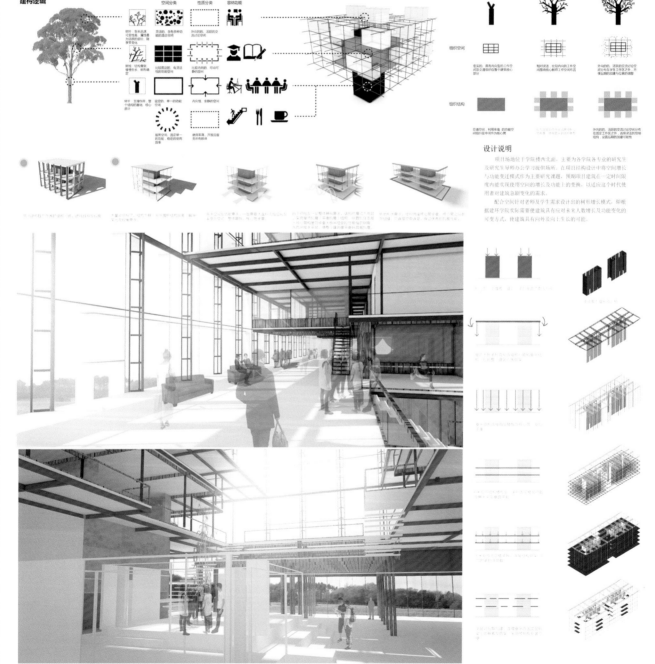

设计说明

项目场地位于学院楼西北面，主要为各学院各专业的研究生及研究生导师办公学习提供场所。在项目结构设计中将空间增长与功能变迁模式作为主要研究课题，预期项目建筑在一定时间限度内能实现使用空间的增长及功能上的变换，以适应这个时代使用者对建筑急剧变化的需求。

配合空间对针对老师及学生需求设计出的树形增长模式，可根据建筑学院实际需要使建筑具有应对未来人数增长及功能变化的可变方式，使建筑具有向外及向上生长的可能。

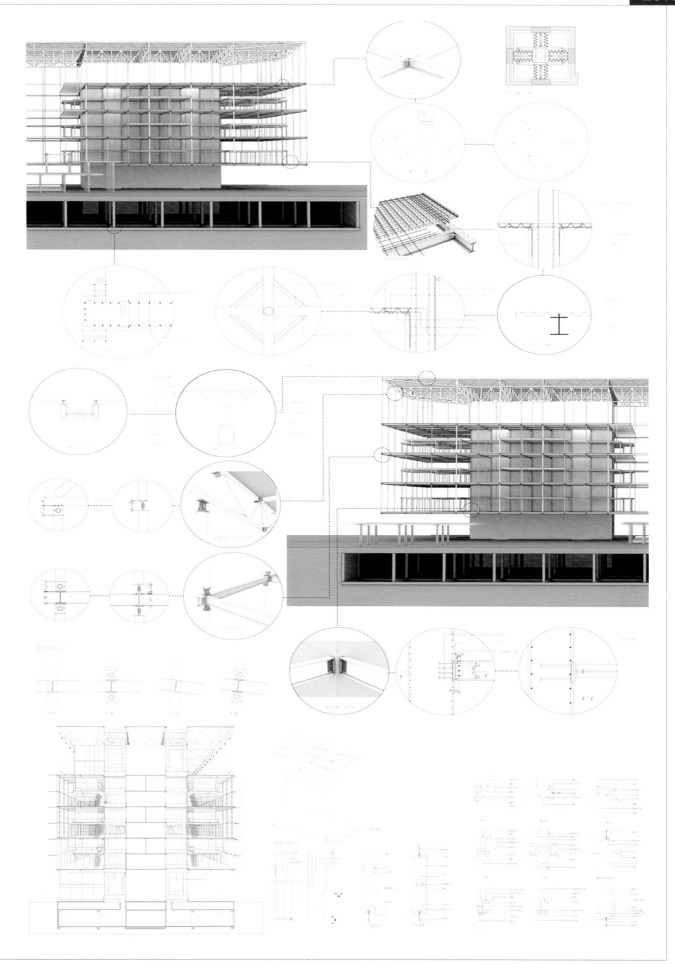

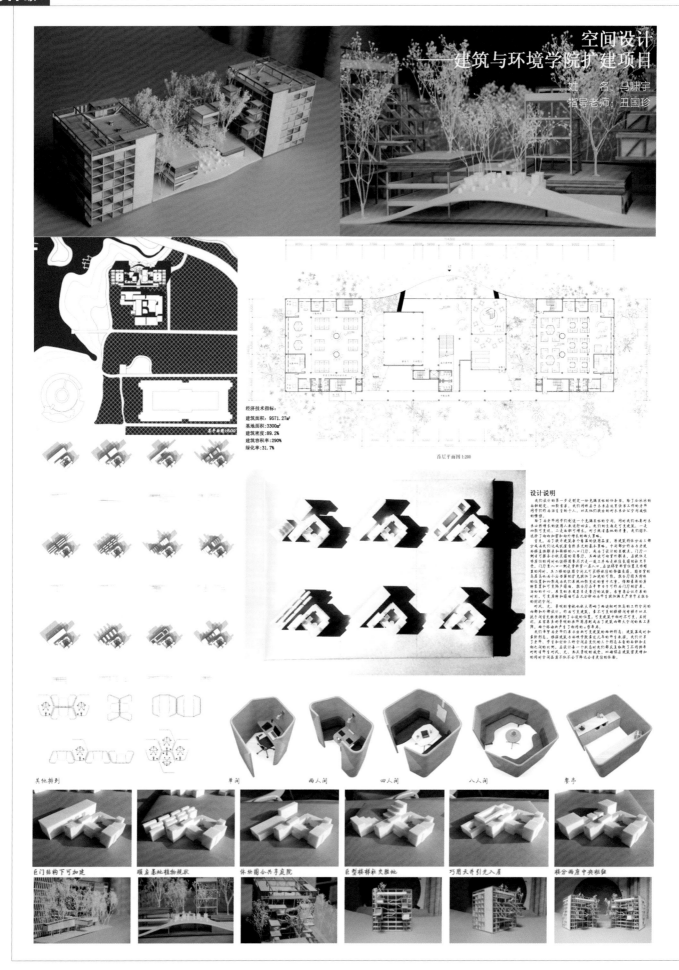

空间设计
——建筑与环境学院扩建项目

姓　名：马啸宇
指导老师：丑国珍

经济技术指标：
建筑面积：9571.27㎡
基地面积：3300㎡
建筑密度：89.2%
建筑容积率：290%
绿化率：31.7%

首层平面图 1:200

设计说明

其他排列　　　单间　　　两人间　　　四人间　　　八人间　　　餐亭

巨门结构下可加建　　顺应基地植物现状　　体块围合共享庭院　　巨型楼梯补交通地　　巧用天井引光入屋　　楼分两庭中央相组

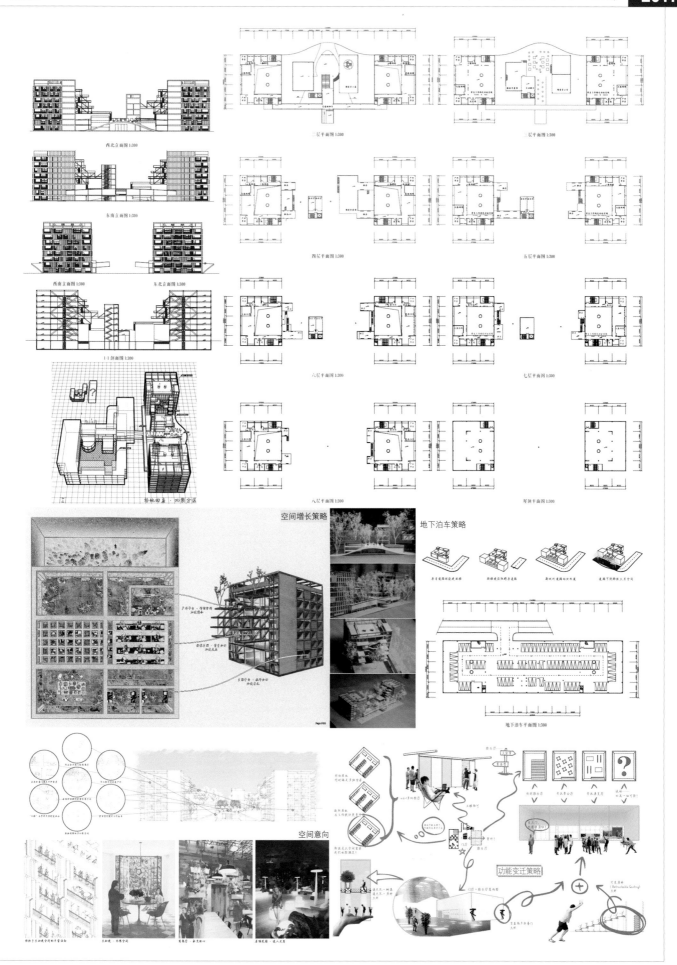

二层平面图 1:300

三层平面图 1:300

西北立面图 1:300

东南立面图 1:300

四层平面图 1:300

五层平面图 1:300

西南立面图 1:300

东北立面图 1:300

1-1剖面图 1:300

六层平面图 1:300

七层平面图 1:300

八层平面图 1:300

屋顶平面图 1:300

空间增长策略

地下泊车策略

地下泊车平面图 1:300

空间意向

功能变迁策略

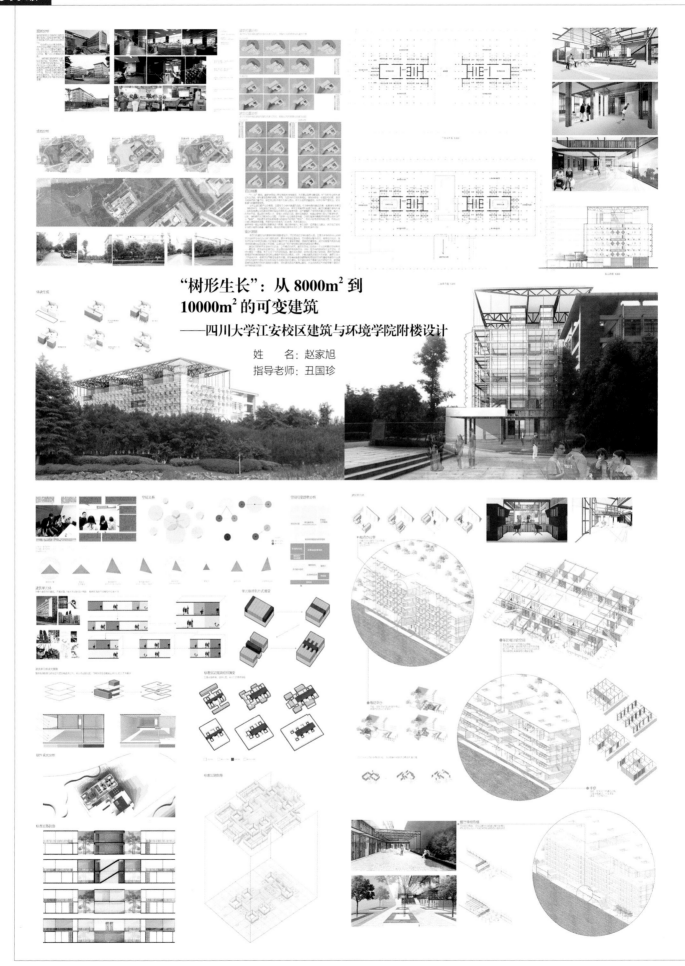

"树形生长"：从 $8000m^2$ 到
$10000m^2$ 的可变建筑
——四川大学江安校区建筑与环境学院附楼设计

姓　　名：赵家旭
指导老师：丑国珍

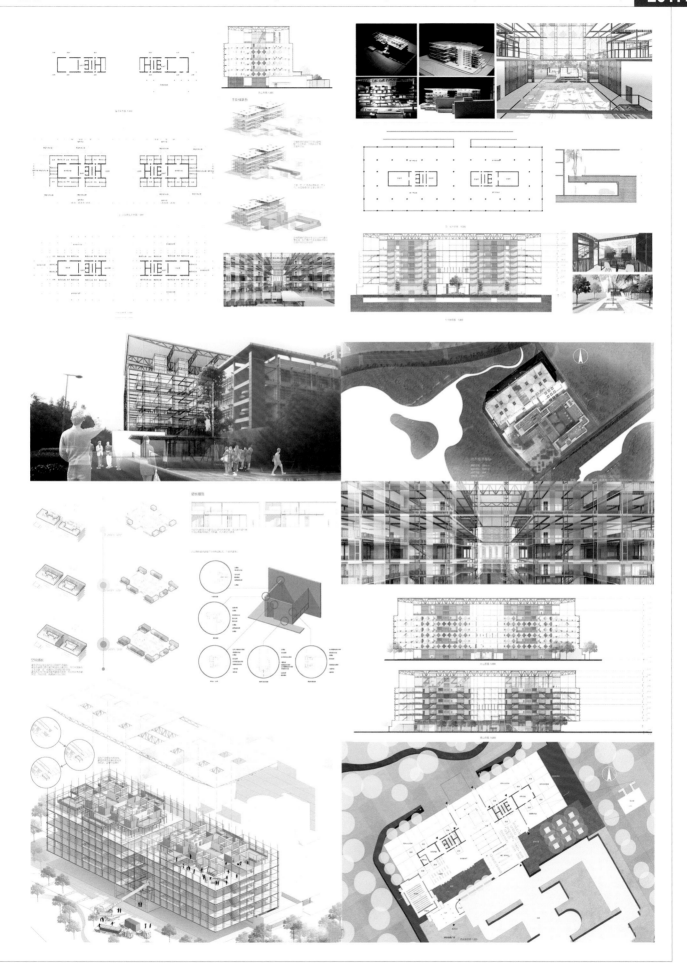

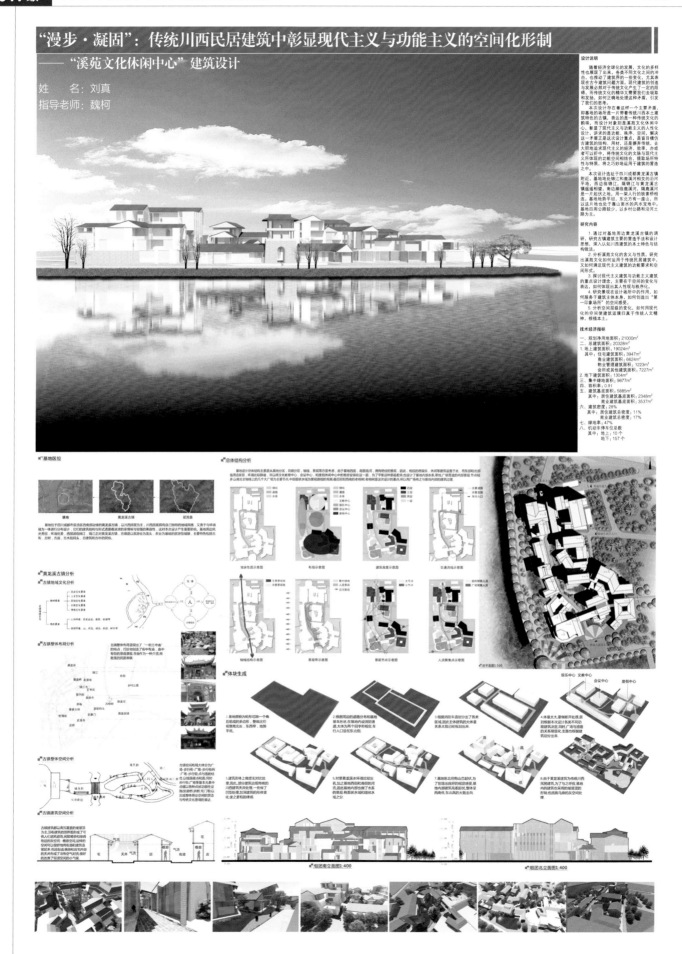

"漫步·凝固"：传统川西民居建筑中彰显现代主义与功能主义的空间化形制
——"溪苑文化休闲中心"建筑设计

姓　　名：刘真
指导老师：魏柯

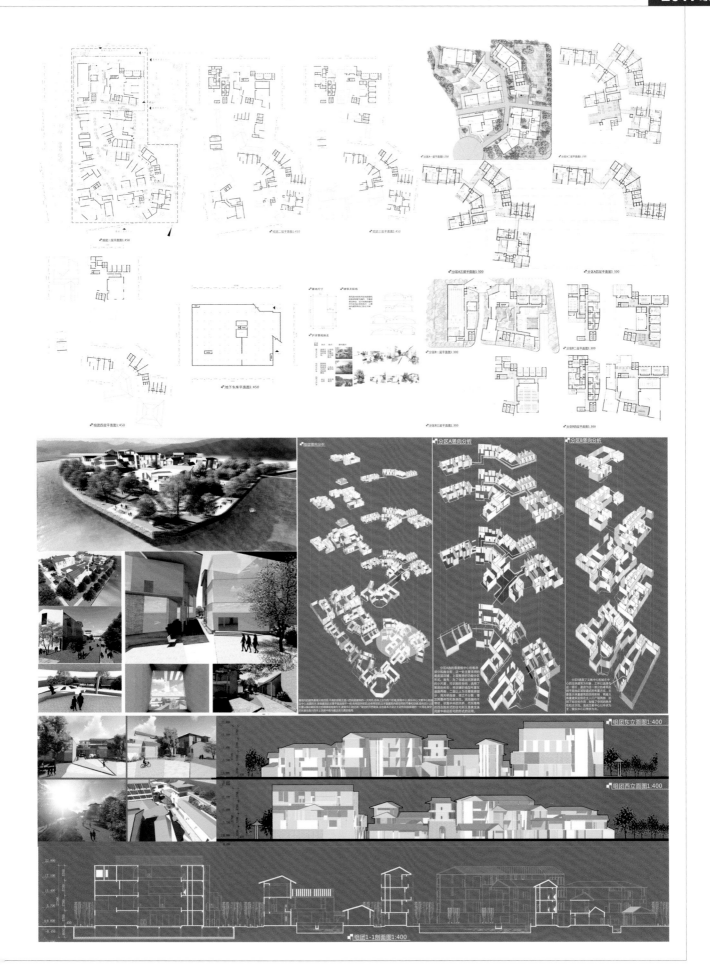

行与停，对中国传统建筑空间的体验——溪苑文化休闲中心建筑设计

姓　　名：赵若薇
指导老师：魏柯

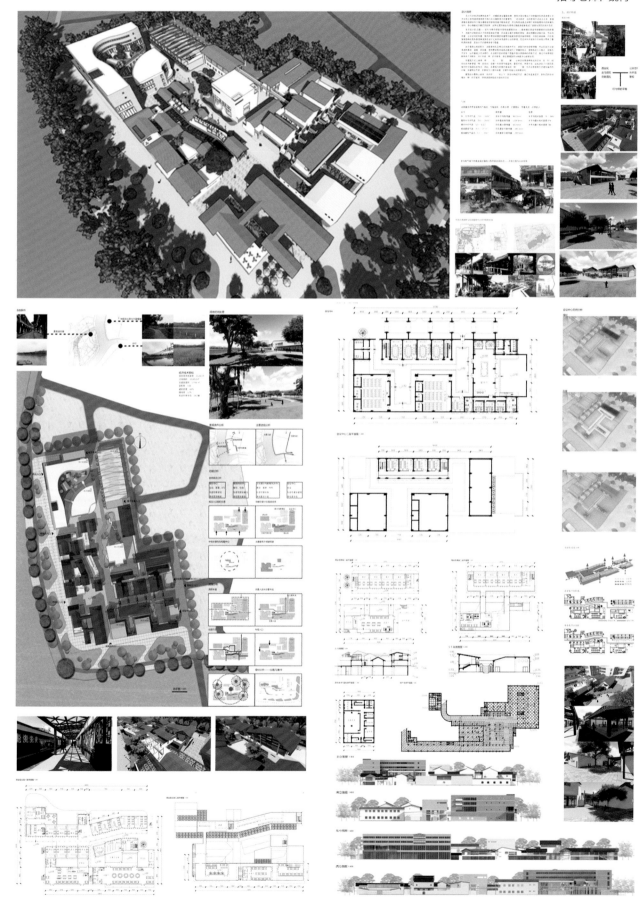

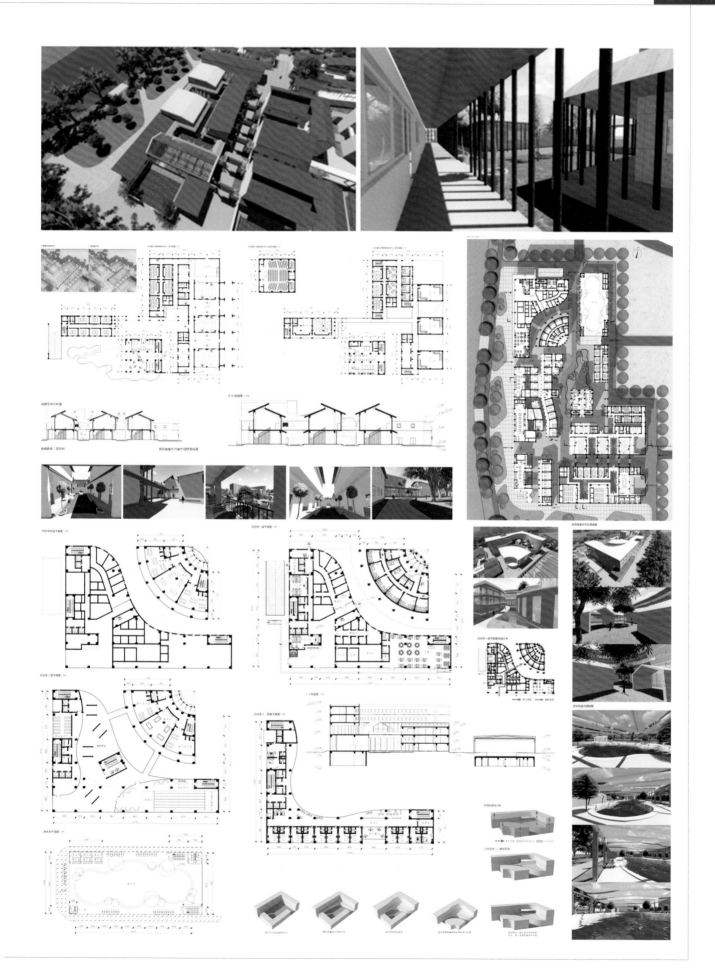

环境交互作用下的建筑设计
——乐山职业技术学院文体中心

姓　　名：刘彤凯
指导老师：方志戎

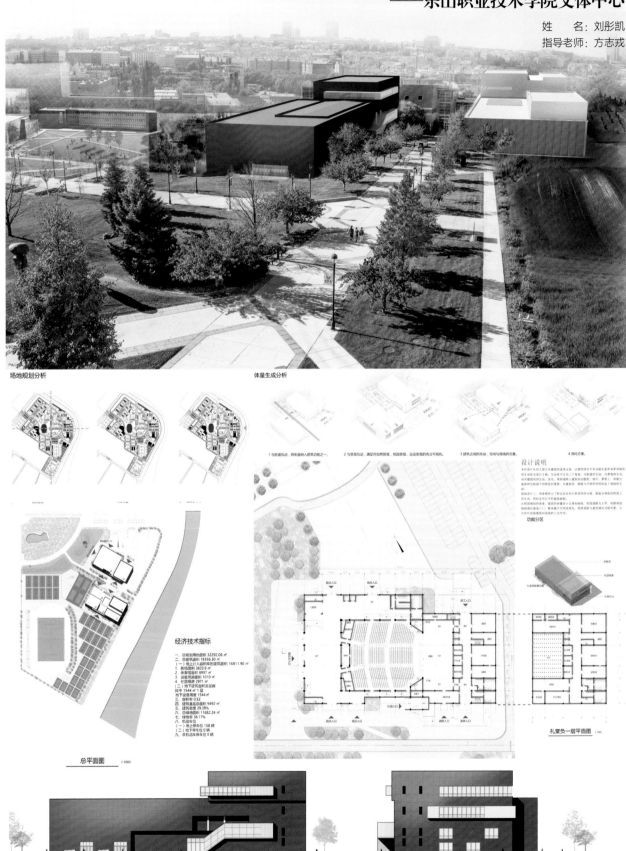

场地规划分析

体量生成分析

1 与街道互动，将街道纳入建筑功能之一。　2 与景观互动，满足对自然景观、校园景观、运动景观的免分可视化。　3 建筑之间的互动、空间与视线的交换。　4 深化方案。

设计说明

功能分区

经济技术指标

总平面图　1:1000

礼堂负一层平面图

礼堂南立面图　1:300

礼堂东立面图　1:300

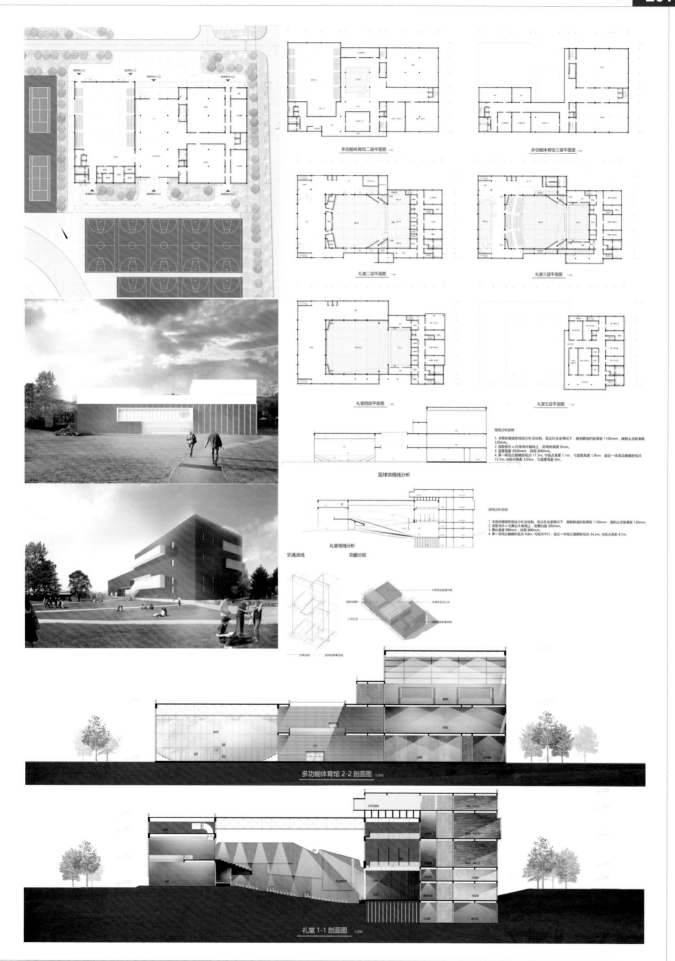

多功能体育馆二层平面图

多功能体育馆三层平面图

礼堂二层平面图

礼堂三层平面图

礼堂四层平面图

礼堂五层平面图

篮球馆视线分析

礼堂视线分析

交通流线

功能分区

多功能体育馆 2-2 剖面图

礼堂 1-1 剖面图

"破与立"：学校文体建筑与城市半岛地块的交互设计
——乐山职业技术学院文体中心建筑设计

姓　　名：徐苇葭
指导老师：方志戎

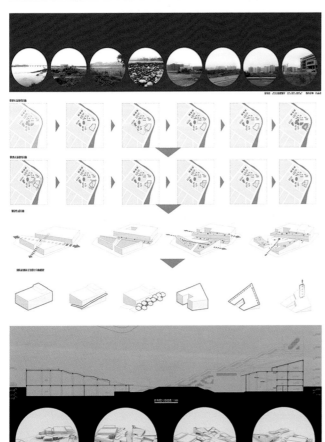

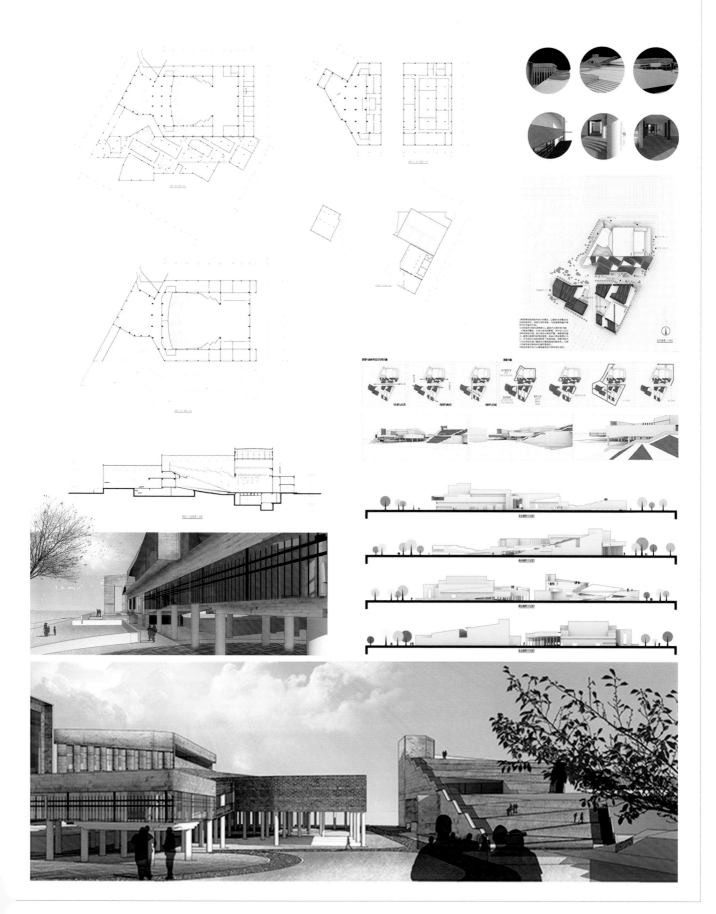

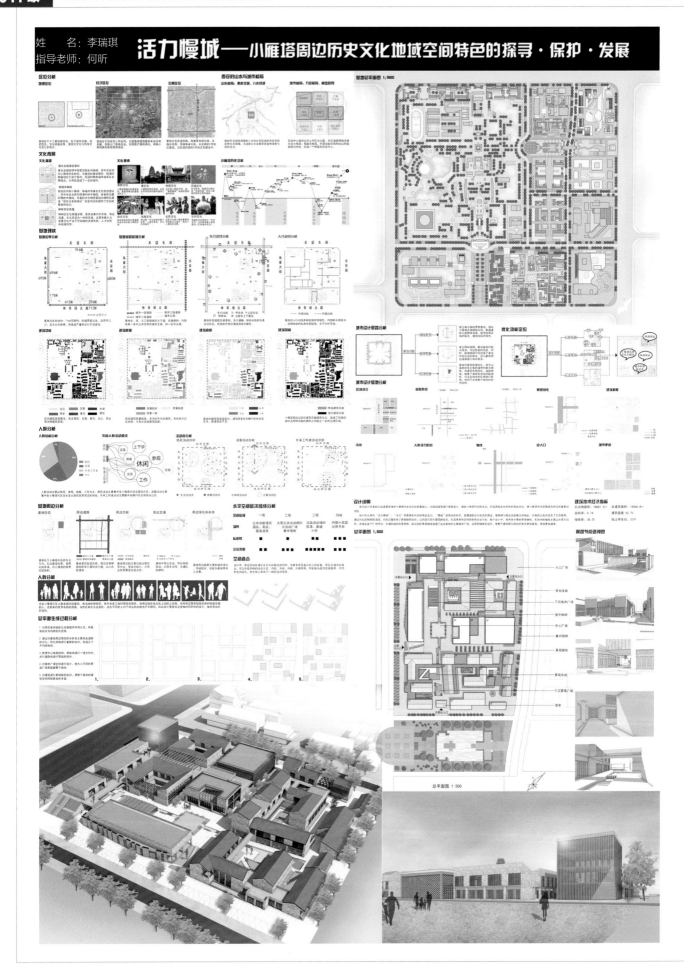

姓　名：李瑞琪
指导老师：何昕

活力慢城——小雁塔周边历史文化地域空间特色的探寻·保护·发展

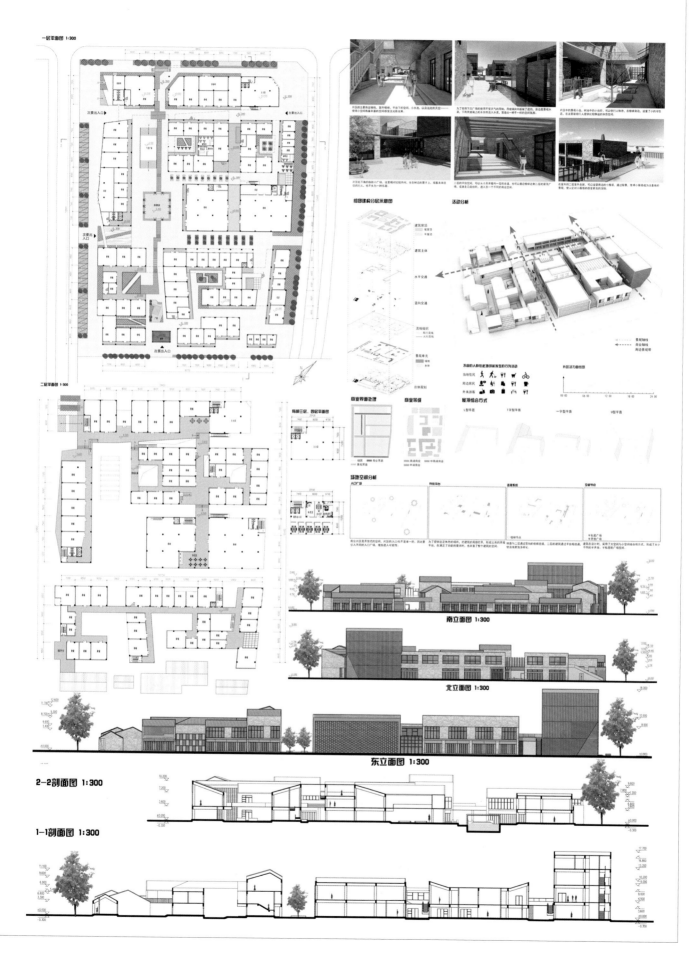

"里坊之间"：历史文化地域空间特色的探寻·保护·发展

姓　　名：马星语
指导老师：何昕

——历史地段商业街设计

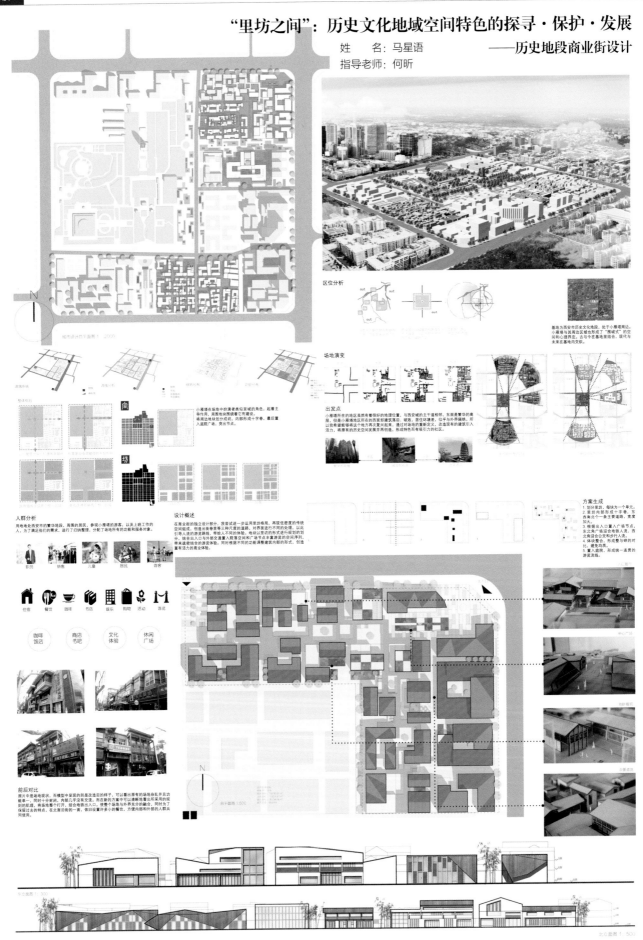

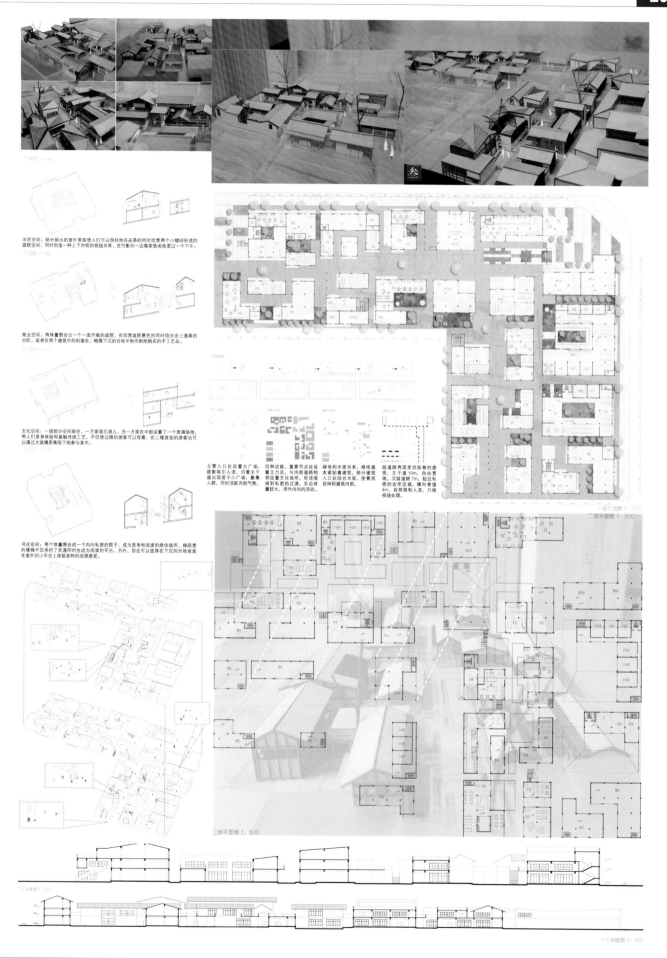

TYPE——A

水吧空间：部分挑出的室外茶座使人们可以很好地在品茶的同时欣赏两个小楼间形成的庭院空间，同时创造一种上下对视的视线关系，在竹影间一边喝茶悠闲地度过一个下午。

TYPE——B

商业空间：两体量围合出一个一面开敞的庭院，在欣赏庭院景色的同时信步走上通高的台阶，或者在两个建筑中的衔接处，略微下沉的台地中制作刚刚购买的手工艺品。

TYPE——C

文化空间：一层部分空间架空，一方面吸引游人，另一方面在中部设置了一个表演场地，带人们亲身体验和接触传统工艺，不仅使过路的游客可以观看，在二楼游览的游客也可以通过大玻璃屏高临下地参与其中。

书店空间：两个体量围合成一个内向私密的院子，成为思考和阅读的绝佳场所，楼段宽的楼梯不仅承担了交通同时也成为阅读的平台。另外，你还可以选择在下沉的台地或是在室外的小平台上体验多种的阅读感受。

主要入口处设置大广场，疏散吸引人流，沿着主干道出现着若干小广场，聚集人群，同时活跃内部气氛。东边体量较大，用作内向的活动。

四种功能，重要节点处设置主力店，与内部道路相邻设置文化场所，形成喝闹到宁静私密的过渡。

绿地和水面关系，本案贴着建筑，部分绿地入口处结合水面，使景观延伸到建筑内部。

级道路再现里坊街巷的感受，主干道10m，自由宽阔。次级道路7m，贴近私密的会所区域。横向巷道4m，自然限制人流，只做视线处理。

一层平面图 1：500
二层平面图 1：500

三层平面图 1：500

1-1 剖面图 1：500

"宫·坊·巷·院"：西安小雁塔周边历史文化地域空间特色的探索·保护·发展
——南关新村商居综合片区设计

姓　名：南漪

指导老师：何昕

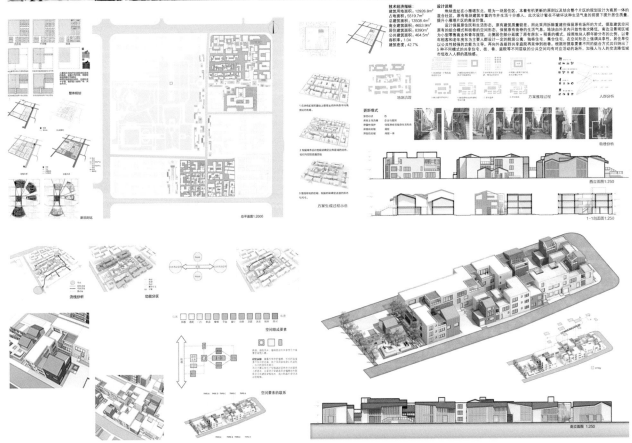

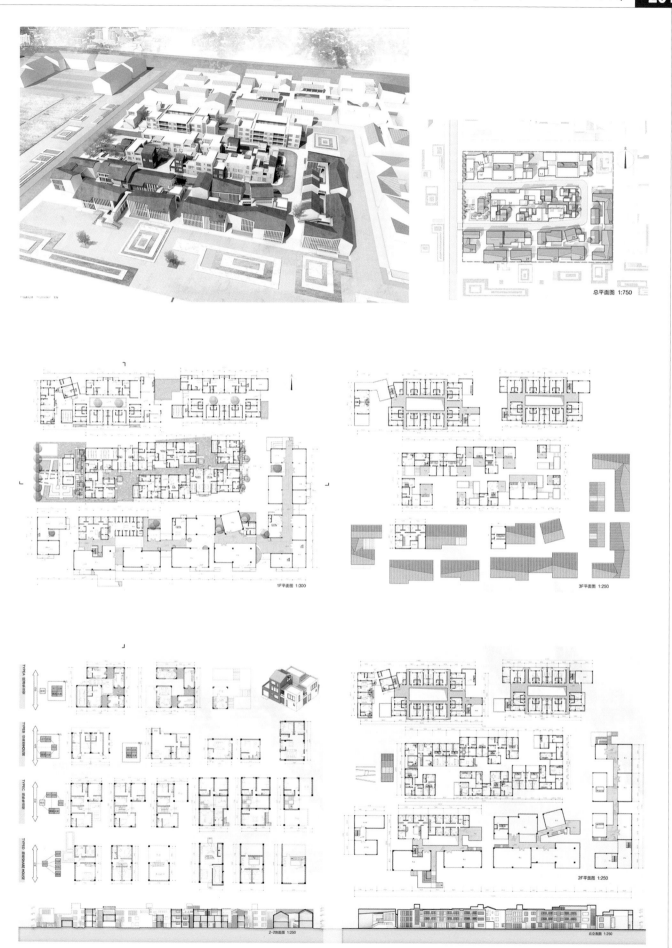

总平面图 1:750

1F平面图 1:300

3F平面图 1:250

2F平面图 1:250

2-2剖面图 1:250

北立面图 1:250

"村中里坊"——小雁塔周边城中村改造更新

姓　　名：杨一苇
指导老师：何昕

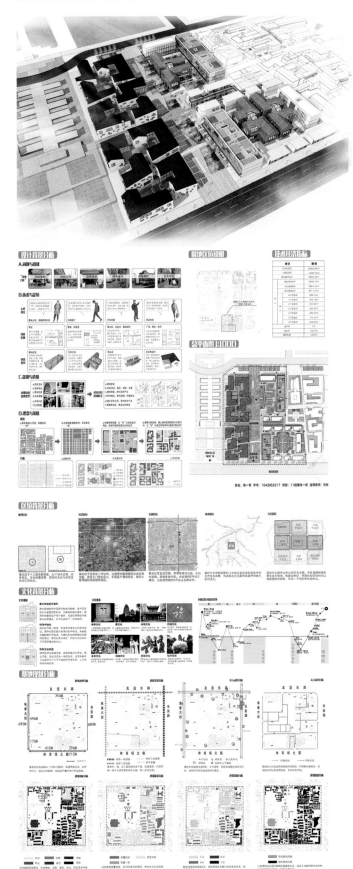

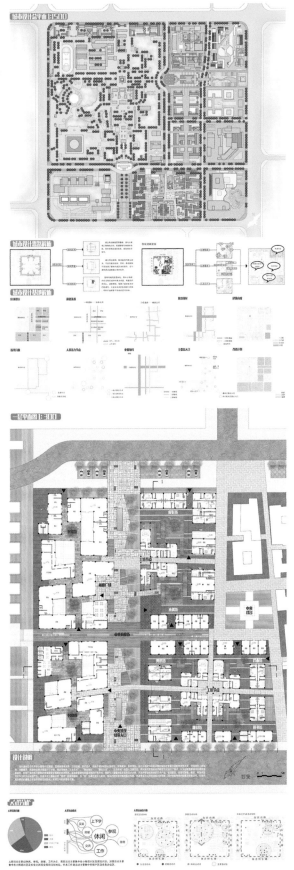

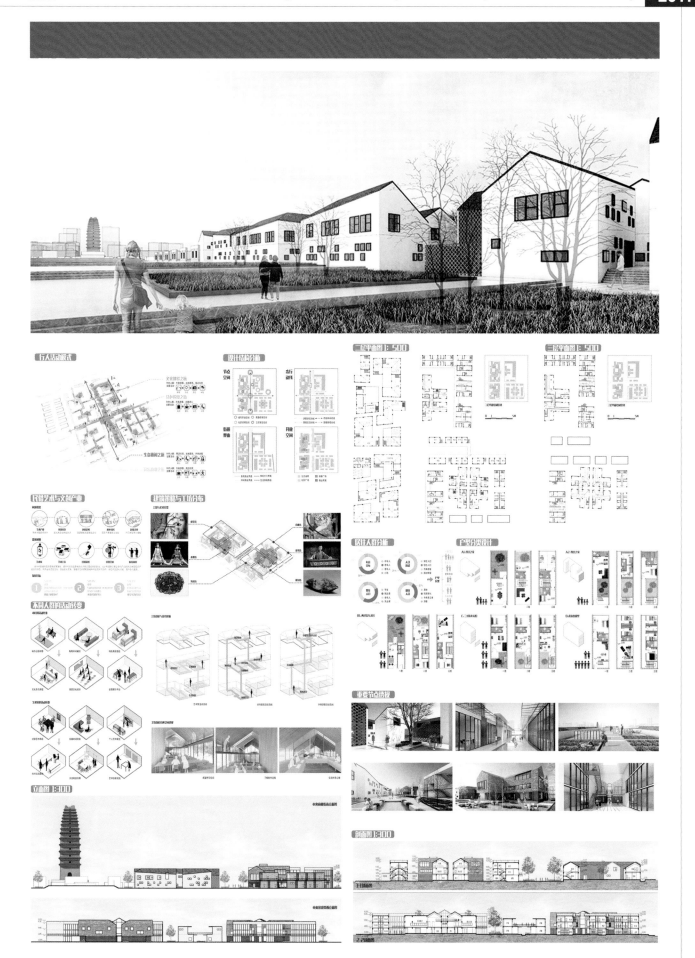

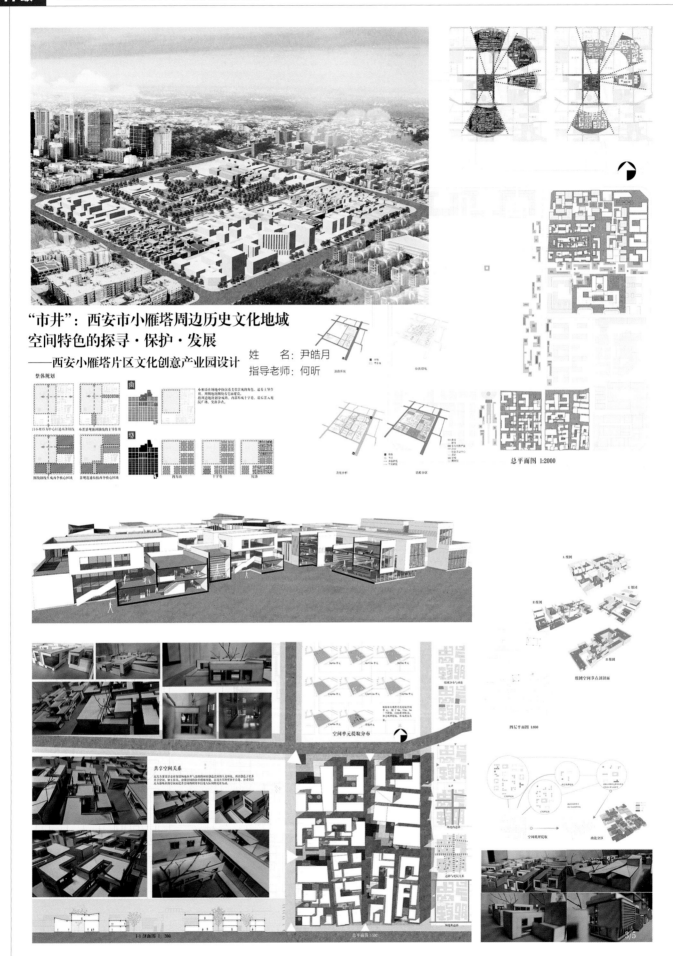

"市井"：西安市小雁塔周边历史文化地域
空间特色的探寻·保护·发展
——西安小雁塔片区文化创意产业园设计

姓　　名：尹皓月
指导老师：何昕

总平面图 1:2000

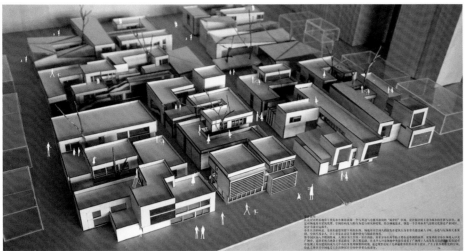

各组团工作坊分区

各沿街立面

庭院与楼梯的关系

南立面图 1:300

一层平面图 1:300

二层平面图 1:500

层平面图 1:500

坊里坊外 —— 创意产业园设计

姓　　名：赵启凡
指导老师：何昕

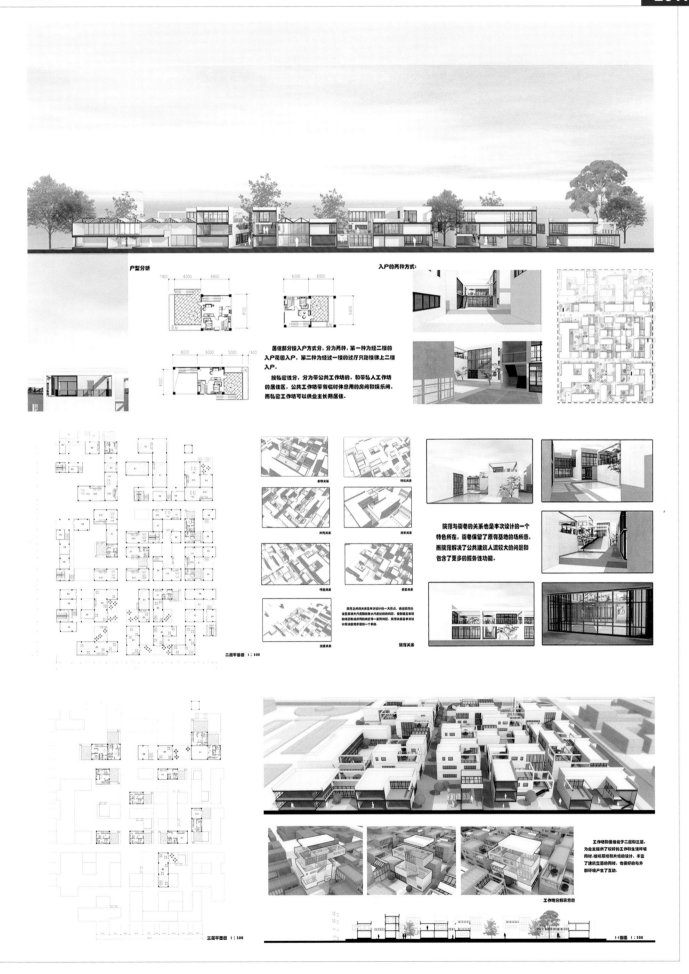

中小学活动、交往空间设计
——成都市三河中小学校建筑方案设计

姓　　名：欧小靖、肖雪飞
指导老师：张鸣

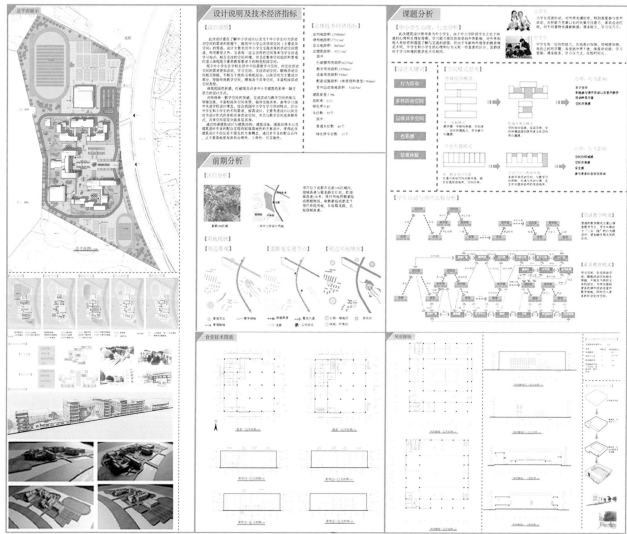

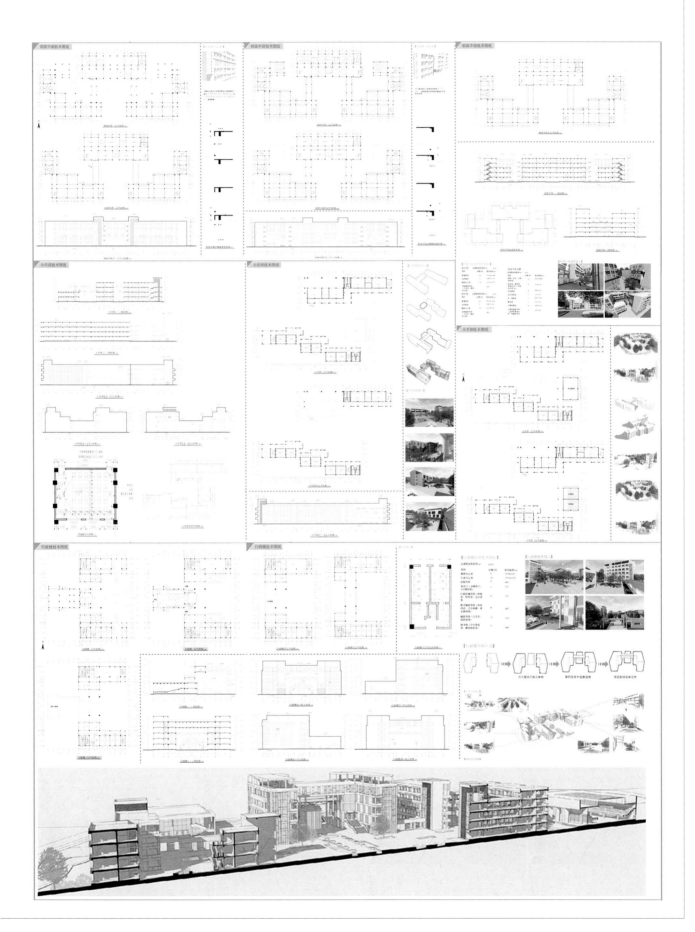

基于自然通风的生态校园空间设计
——成都市三河中小学校建筑方案设计

姓　　名：张友强、李婧
指导老师：张鸣

设计说明：

1. 设计理念

学校不仅是教书育人的场所，更是学生成长活动的地方。据调查，目前中国高校数量达3000多所，在校生总数已逾3000万人，据不完全统计，年耗费近2000万吨标准煤，年水耗近400万吨校园学生的生均能耗、水耗均大于城镇居民平均值，学校能耗在社会总体能耗的比重日趋增大。1972年斯德哥尔摩人类环境会议最早提出了绿色学校的理念，关注环保教育。美国绿色建筑委员会提出了能源及环境设计先导计划LEED绿色评估体系，现在绿建技术如屋顶绿化、中水回收系统、通风技术、太阳能、冰蓄冷等都在建筑上有较成熟的应用。所以，建设绿色学校是未来发展的趋势，是为建筑系的学生，在此次设计中我们以自然通风为核心，围绕节水、节电、节能、节材四方面，试图从建筑的角度去传达生态可持续理念，带给学生不同的感知体验，使之获得更舒适宜人、富有趣味性的学习、探索、生活场所。

整体性——根据使用功能和学校的发展趋势要求，将现有的资源条件进行整合以应对周边复杂的城市环境，在规划层面创造出良好校园空间架构，使得学校获得良好的采光和通风条件。

人性化——结合自然通风技术，合理布置廊道、底层架空、大厅、楼梯等公共空间，使得内部结构和功能人性化，为学生提供交流共享的场所，设计营造现代学校的氛围。

低碳环保——设计方案能够尽量减少校园能耗，将现代化元素和环保元素结合，从场地、节能、节水、节材等方面打造一个现代、绿色的学校。

技术与行为——分析绿色节能技术对环境空间和人行为模式的影响，利用相关的生态及建筑构造做法，创造出舒适宜人、激发学生活力的交往空间，增强学生参与度，从而培养学生节能环保意识。

可持续化——空间灵活，绿色设计，适应未来不同需求。

2. 跨专业合作解说

本次设计我们建筑方面着眼学生的心理特点和行为模式，分析了交往空间的内涵。通过空间结合通风的技术激发学生的活力，营造更良好的交往场所。在相关专业同学协助下，使得建筑更有说服力，通过与土木结构等专业同学的配合，结合立面造型，确定了建筑的梁柱尺寸，因为建筑在总体规划上利用了大量的水景，单体建筑做了绿化屋顶，并希望做一套用水的可持续利用和回收体系，通过与给水排水同学的交流沟通和核算，控制了水体体积和位置，使得景观水源补充均来自中水回收，达到了可持续的理念。在多方配合下，对现有的绿色技术进行研究，结合建筑进行设计，旨在分析如何在苛刻的设计条件及多需求的功能要求下最大程度的创造出尺度适当、优美宜人的校园环境，着眼于更长远和可持续的建设策略。

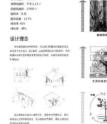

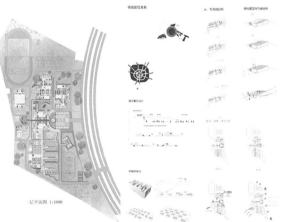

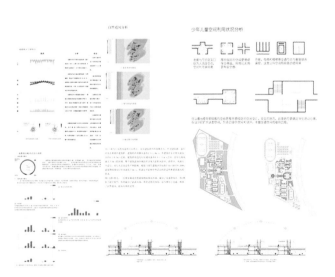

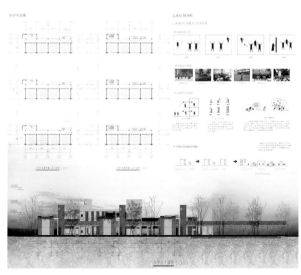

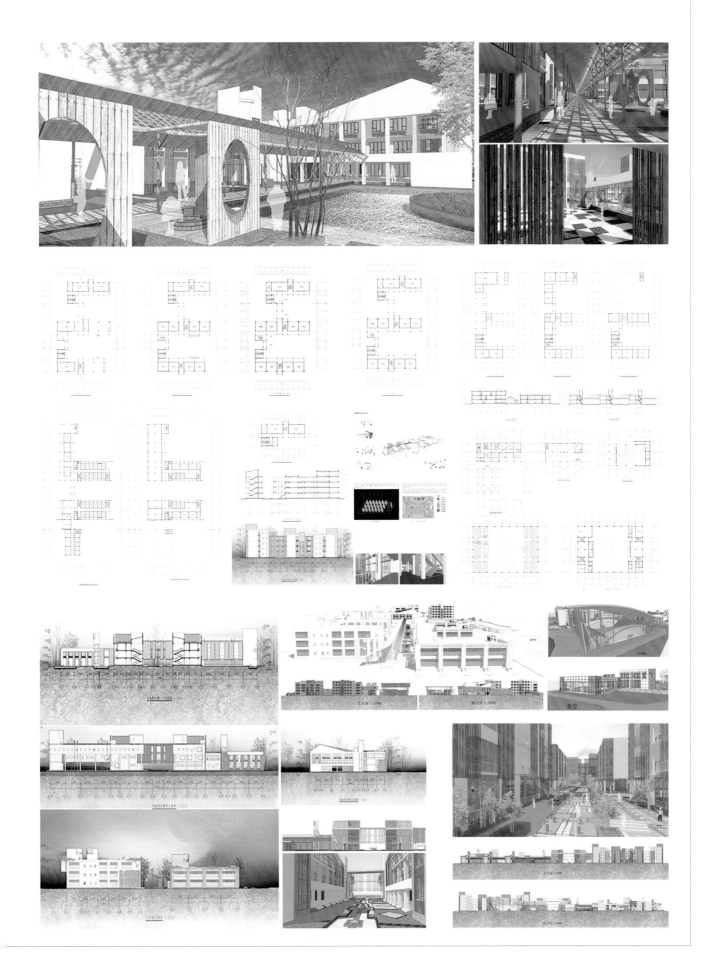

图书在版编目（CIP）数据

四川大学建筑学专业毕业设计优秀作品集 =
Outstanding Architectural Design Collections by
Seniors，Sichuan University / 陈岚，曾艺君主编 . —
北京：中国建筑工业出版社，2023.11
　　ISBN 978-7-112-29213-4

　　Ⅰ. ①四… 　Ⅱ. ①陈… ②曾… 　Ⅲ. ①建筑设计—作
品集—中国—现代 　Ⅳ. ① TU206

　　中国国家版本馆 CIP 数据核字（2023）第 187524 号

责任编辑：李玲洁　王　磊
责任校对：姜小莲
校对整理：李辰馨

四川大学建筑学专业毕业设计优秀作品集
Outstanding Architectural Design Collections by Seniors, Sichuan University
陈　岚　曾艺君　主编
*
中国建筑工业出版社出版、发行（北京海淀三里河路9号）
各地新华书店、建筑书店经销
北京雅盈中佳图文设计公司制版
临西县阅读时光印刷有限公司印刷
*
开本：880毫米×1230毫米　1/16　印张：13$\frac{3}{4}$　字数：422千字
2024年2月第一版　2024年2月第一次印刷
定价：**150.00**元
ISBN 978-7-112-29213-4
　　　（41932）